Mitteilungen
aus dem
Materialprüfungsamt
und dem
Kaiser Wilhelm-Institut für Metallforschung
zu Berlin-Dahlem

Sonderheft Nr. I

Das Verhalten von Eisen, Rotguß und Messing gegenüber den in Kaliabwässern enthaltenen Salzen und Salzgemischen bei gewöhnlicher Temperatur und bei den im Dampfkessel herrschenden Temperaturen und Drücken

Untersuchungen auf Veranlassung des Reichsgesundheitsamtes ausgeführt

Von

Professor Dr.-Ing. e. h. O. Bauer
Materialprüfungsamt

unter Mitwirkung von

Dr. O. Vogel
Materialprüfungsamt

und

Dr. K. Zepf
Ammoniakwerk Merseburg

Mit 47 Abbildungen

Springer-Verlag Berlin Heidelberg GmbH 1925

ISBN 978-3-662-27701-0 ISBN 978-3-662-29191-7 (eBook)
DOI 10.1007/978-3-662-29191-7

Ursprünglich erschienen bei Verlag von Julius Springer 1925

Inhaltsangabe.

A. Veranlassung zu den Versuchen.

Die dauernden Klagen über Benachteiligungen der Landwirtschaft, Fischerei und Industrie durch Kaliabwässer hatten bei der Beratung des „Gutachtens über das zulässige Maß der Versalzung des Weserwassers bei Bremen“[1]) durch den Reichsgesundheitsrat zu dem Beschluß geführt, daß die Frage der Schädlichkeit der Kaliendlauge für die genannten einzelnen Erwerbszweige durch Versuche im Laboratorium und in der Praxis nachgeprüft werden sollte. Demzufolge sind vom Reichsgesundheitsamt unter Hinzuziehung von Spezialinstituten und Spezialsachverständigen Versuche über den Einfluß von kaliendlaugenhaltigem Wasser auf die Fischzucht, auf landwirtschaftliche Kulturen, auf die Zuckerfabrikation, die Lederbereitung und die Papierfabrikation, sowie auf Dampfkessel und Armaturen in Angriff genommen worden.

Für die Untersuchung der Einwirkung der Kaliendlauge und der einzeln in ihr gelösten Salze auf Eisen und auf die für Armaturen in Betracht kommenden Metalle und Metallegierungen, wie Kupfer, Bronze, Messing, sowie auf die Dampfkessel, war das Reichsgesundheitsamt bereits im Oktober 1916 an das staatliche Materialprüfungsamt herangetreten. Wegen der ungünstigen wirtschaftlichen Verhältnisse sind die Versuche jedoch erst in den Jahren 1920 bis 1924 zur Durchführung gekommen. Sie sind nunmehr abgeschlossen und werden im nachstehenden beschrieben.

Über den Angriff des Eisens durch Wasser und wässerige Salzlösungen bei gewöhnlicher Temperatur liegen zahlreiche in- und ausländische Veröffentlichungen vor. Sie beziehen sich vorwiegend auf das Verhalten des Eisens und anderer Metalle in ruhender Flüssigkeit[2]), nur vereinzelt sind Untersuchungen über den Einfluß von fließenden oder bewegten Flüssigkeiten durchgeführt. Für die Praxis spielt aber das Verhalten der Metalle in bewegten Wässern eine größere Rolle (Schiffswandungen, Turbinen usw.) als in ruhenden. Auch über den Einfluß von Salzgemischen ist noch wenig bekannt.

Die Literatur über das Verhalten von Eisen und anderen Metallen im Dampfkessel, insbesondere bei Anwesenheit von Magnesiumsalzen ist sehr lückenhaft, sie entbehrt zudem jeder Systematik, auch widersprechen sich die Angaben der einzelnen Forscher vielfach.

Besonders zu erwähnen sind hier die Arbeiten von Ost[3]), die zwar die Auflösung von Eisen durch Magnesiumsalzlösungen unter den Bedingungen des Dampfkessels einwandsfrei feststellen, aber immerhin noch keine volle Aufklärung gebracht hatten. Ferner sind zu nennen eine eingehende Arbeit von J. H. Vogel[4]), sowie zahlreiche englische und amerikanische Ab-

[1]) Arbeiten aus dem Kaiserlichen Gesundheitsamt, 50. Bd. (1916), S. 279 und 51. Bd. (1919), S 239.

[2]) Aus dem Staatl. Materialprüfungsamt sind folgende Arbeiten hervorgegangen: E. Heyn und O. Bauer: Über den Angriff des Eisens durch Wasser und wässerige Salzlösungen. Mitt. a. d. Materialpr.-Amt 1908, Heft 1 u. 2 und 1910, Heft 2 u. 3. Ferner: O. Bauer und O. Vogel: Über das Rosten von Eisen in Berührung mit anderen Metallen und Legierungen. Mitt. a. d. Materialpr.-Amt 1918, Heft 3 u. 4.

[3]) H. Ost: Das Verhalten des Chlormagnesiums im Dampfkessel. Chem.-Ztg. 1902, Heft 71, S. 819; 1903, Heft 9, S. 87. — H. Ost: Chlormagnesium im Kesselspeisewasser. Z. f. angew. Chem. 1921, Heft 60, S. 396.

[4]) J. H. Vogel „Die Abwässer aus der Kaliindustrie, ihre Beseitigung, sowie ihre Einwirkung in und an den Wasserläufen“, Berlin, Gebr. Bornträger, 1913.

handlungen. Zur systematischen Durchprüfung der noch offenen Fragen war vom Materialprüfungsamt vorgeschlagen worden unter Berücksichtigung der praktischen Verhältnisse nach folgendem Plan zu verfahren, der dann auch in diesem Rahmen zur Ausführung gekommen ist. Soweit es sich im Verlauf der Versuche als notwendig erwiesen hat, hinsichtlich einzelner Punkte der Versuchsanordnung Änderungen zu treffen, ist dies auf Grund gemeinsamer Beratungen der eingangs genannten Verfasser und des Herrn Direktor Dr. Kerp vom Reichsgesundheitsamt geschehen.

Der Arbeitsplan zerfiel in folgende Hauptteile:

I. Versuche bei gewöhnlicher Temperatur;
   a) in ruhenden Flüssigkeiten;
   b) in bewegten Flüssigkeiten;

II. Versuche bei den im Dampfkessel herrschenden Temperaturen und Drücken.

B. Die verwendeten Metalle, Wässer und Salzlösungen.

Für die Versuche zu I. und II. wurden die gleichen Metalle sowie die gleichen Wässer und Salzkonzentrationen verwandt.

In Tab. 1 sind die Analysen der Metalle und in den Tab. 2—8 die Salzkonzentrationen und Analysen der Wässer angegeben.

Tabelle 1. Analysen der für sämtliche Versuche verwendeten Metalle und Legierungen.

Eisen in Blechform	%	Messing in Blechform	%	Rotguß (Bronze) in Plattenform	%
Kohlenstoff . .	0,050	Kupfer	64,18	Kupfer	84,59
Mangan	0,45	Zink.	35,67	Zinn.	4,83
Phosphor . . .	0,020	Blei	0,33	Zink.	4,81
Schwefel	0,047	Nickel	Spur	Blei	4,13
Silizium	Spur	Eisen	Spur	Antimon . . .	0,92
Kupfer	0,09	Antimon . . .	fehlt	Nickel	0,69
Nickel	0,08			Eisen	Spur
Chrom	0,01				

Aus obigen Metallen und Legierungen wurden Plättchen gleicher Größe (45 × 30 × 2 mm) nach nebenstehender Abb. 1 herausgearbeitet.

Die Eisenplättchen wurden mit *E*, die Messingplättchen mit *M* und die Rotgußplättchen mit *R* gestempelt, darauf wurden sie allseitig blankgeschmirgelt und gewogen.

Folgende Wässer und Salzlösungen gelangten zur Verwendung:

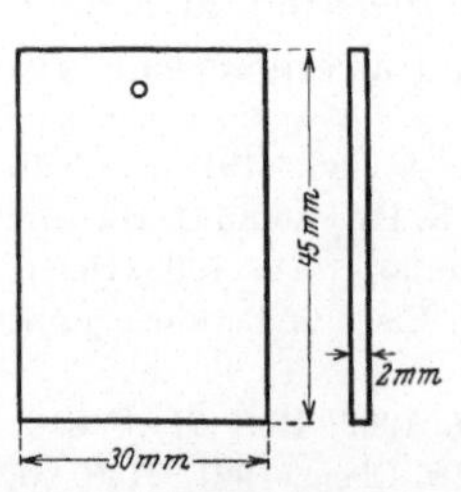

Abb. 1. Abmessungen der Probeplättchen.

1. Destilliertes Wasser als Vergleichsflüssigkeit.
2. Magnesiumchloridlösungen: Konzentration s. Tab. 2.
3. Natriumchloridlösungen; Konzentration s. Tab. 2.
4. Magnesiumsulfatlösungen; Konzentration s. Tab. 2.
5. Natriumsulfatlösungen; Konzentration s. Tab. 2.
6. Calciumchloridlösungen; Konzentration s. Tab. 3.
7. Kaliendlauge verschiedener Verdünnung; Analyse der verwendeten Kaliendlauge s. Tab. 4; Verdünnungsgrade s. Tab. 5.
8. Gemische von Natriumchlorid + Natriumsulfat; Tab. 6.
9. „ „ Natriumchlorid + Magnesiumchlorid; Tab. 6.
10. „ „ Natriumchlorid + Magnesiumsulfat; Tab. 6.

11. Gemische von Natriumsulfat + Magnesiumchlorid; Tab. 6.
12. „ „ Natriumsulfat + Magnesiumsulfat; Tab. 6.
13. „ „ Magnesiumchlorid + Magnesiumsulfat; Tab. 6.
14. Saalewasser, ungereinigt; Analyse s. Tab. 7.
15. „ mit Kalk-Soda gereinigt; Tab. 7.
16. „ mit Natronlauge-Soda gereinigt; Tab. 7.
17. Luppewasser, ungereinigt; Analyse s. Tab. 8.
18. „ mit Kalk-Soda gereinigt; Tab. 8.
19. „ mit Natronlauge-Soda gereinigt; Tab. 8.

Zur Herstellung der Salzgemische wurden chemisch reine Salze und destilliertes Wasser verwandt.

Die Kaliendlauge wurde von der Achenbachfabrik des Staatl. Salzwerkes zu Staßfurt bezogen.

Die Flußwässer [Saale und Luppe[1])] wurden in Mengen von je 800 l auf einmal aus den Flußläufen entnommen. Je 250 l wurden nach den beiden Reinigungsverfahren (Kalk-Soda und Natronlauge-Soda) enthärtet. Die Enthärtung wurde bei etwa 60 ° C mit einem in der Praxis üblichen Überschuß an Kalk-Soda bzw. Natronlauge-Soda von etwa 10% vorgenommen.

C. Durchführung der Versuche.

I. Versuche bei gewöhnlicher Temperatur.

Von O. Bauer und O. Vogel.

a) Angriffsversuche in ruhenden Flüssigkeiten.

Die Versuchsanordnung ist aus Abb. 2 ersichtlich. Jede Glasschale enthielt 4 l Flüssigkeit. Die vorher blankgeschmirgelten, gereinigten und gewogenen Metallplättchen (Abmessungen s. Abb. 1) wurden an Glashaken in die mit den betreffenden Flüssigkeiten und Salzlösungen bereits gefüllten Glasschalen eingehängt, wobei immer je 2 Eisenplättchen in eine Schale und 2 Messing- und 2 Rotgußplättchen in eine zweite Schale kamen. Alle Probeplättchen hingen 15 mm unter dem Flüssigkeitsspiegel. Die zu einer Reihe gehörigen Versuche (s. z. B. Tab. 2) wurden gleichzeitig aufgestellt, die Schalen standen in einem von Säuredämpfen freien Raum, dessen Temperatur zwischen 15 und 18° C schwankte. Zum Vergleich wurde in allen Fällen destilliertes Wasser herangezogen.

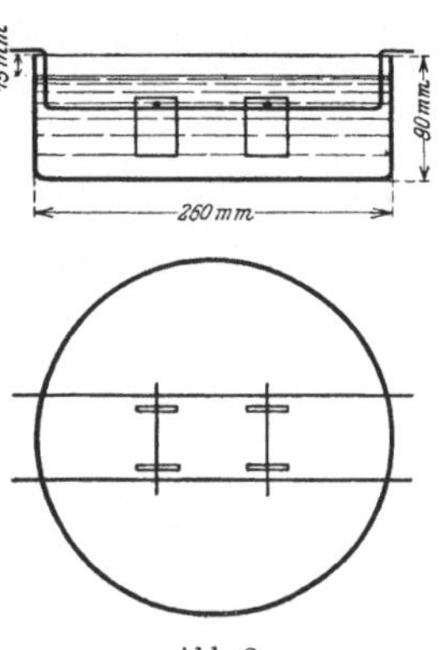

Abb. 2.
Versuchsanordnung für die Angriffsversuche in ruhenden Flüssigkeiten.

Nach 30 Tagen wurden die Versuche abgebrochen, die Plättchen wurden herausgenommen, von anhaftendem Rost und Belag gereinigt[2]) und zurückgewogen. Die Gewichtsveränderung galt als Maß für die Stärke des Angriffs[3]).

[1]) Die Luppe ist ein Nebenfluß der Saale, sie mündet in diese oberhalb Scopau bei Merseburg.

[2]) Von den Eisenplättchen ließ sich der Rost in den meisten Fällen mittels eines Tuches oder einer weichen Bürste leicht entfernen. Wo letzteres nicht der Fall war, wurde das nachfolgend beschriebene, im Amt ausgearbeitete Verfahren angewandt: Die gerosteten Eisenproben werden mit Zinkspänen oder Zinkgranalien bestreut und in 5 proz. Natronlauge auf dem Dampfbade erwärmt. Nach kurzer Zeit tritt starke Wasserstoffentwicklung auf, die eine Reduktion des Eisenrostes zu schwammigem Eisen einleitet. Das unter dem Rost befindliche Eisen wird von Natronlauge nicht angegriffen. Eine 30 Minuten lange Behandlung der gerosteten Eisenproben bei 80—90° C reicht zumeist aus, um den Eisenrost völlig zu reduzieren, der lockere Eisenschlamm läßt sich dann leicht abwischen.

[3]) Auch von den Messing- und Rotgußplättchen ließ sich in den meisten Fällen ein etwaiger Belag leicht abwischen; wo es nicht der Fall war, wurde von einer Entfernung durch chemische Mittel abgesehen. Diese Plättchen wiesen alsdann eine schwache Gewichtszunahme auf, die ebenfalls auf einen Angriff hindeutet.

a_1) Reine Salzlösungen (Flüssigkeit in Ruhe).

In den Tab. 9—12 sind die Angriffsversuche mit den Chloriden und Sulfaten der Magnesium- und Natriumsalze (Tab. 2) zusammengestellt und in den Abb. 3—6 graphisch aufgetragen. Tab. 13 (Abb. 7) zeigt das Verhalten der Metalle in Calciumchloridlösungen verschiedener Konzentration (Tab. 3). Zu den in den Tab. 9—13 (Abb. 3—7) niedergelegten Versuchsergebnissen mit reinen Salzlösungen in ruhenden Flüssigkeiten ist folgendes zu bemerken:

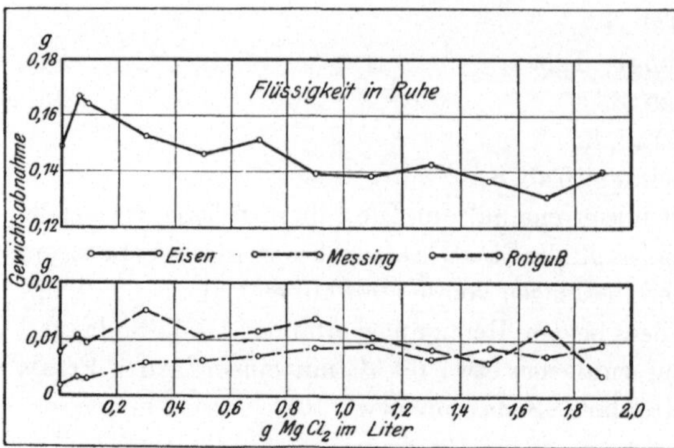

Abb. 3. Magnesiumchlorid (Tabelle 9).

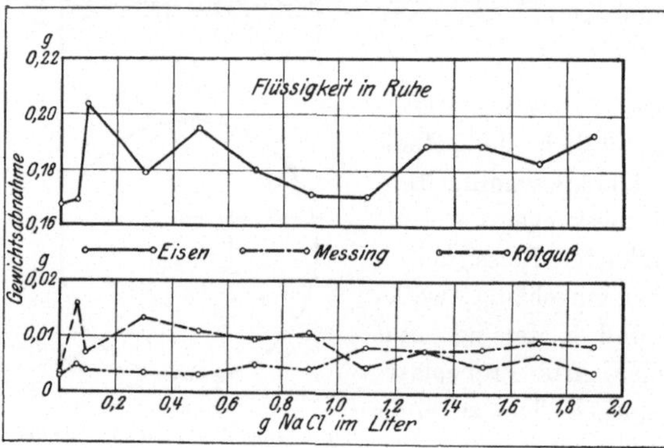

Abb. 4. Natriumchlorid (Tabelle 10).

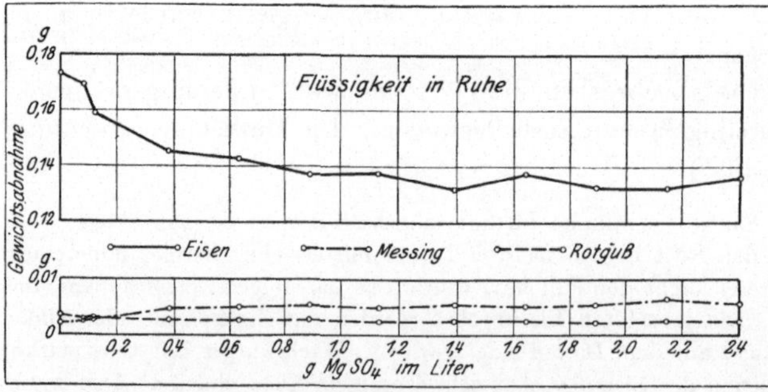

Abb. 5. Magnesiumsulfat (Tabelle 11).

1. Messing und Rotguß. Beide Metalle wurden wie zu erwarten in allen Fällen sehr erheblich schwächer angegriffen als das Eisen. Sowohl beim Magnesiumchlorid (Abb. 3), wie auch beim Natriumchlorid (Abb. 4) wurden bei hohen Verdünnungsgraden die Rotgußproben zunächst stärker angegriffen als die Messingproben, mit steigender Salzkonzentration überschnitten sich die Kurven. Die Calciumchloridlösungen (Abb. 7) griffen das Messing durchgängig stärker an als den Rotguß. Die Sulfate (Abb. 5 u. 6) griffen beide Legierungen im allgemeinen schwächer an als die Chloride. Der Angriff war sehr gleichmäßig, das Messing wurde von den Sulfaten in allen Fällen stärker angegriffen als Rotguß.

2. Eisen. Der Rostangriff des Eisens durch Wasser und wässerige Salzlösungen wird in hohem Maße durch die Temperatur beeinflußt[1]). Da es bei der großen Anzahl der durchzuführenden Versuchsreihen nicht möglich war, alle Reihen gleichzeitig aufzustellen, so war es nicht zu vermeiden, daß die Versuche sich über verschiedene Jahreszeiten (Winter, Sommer usw.) erstreckten. Hierdurch erklären sich die zum Teil recht erheblichen Schwankungen in den durchschnittlichen Zimmertemperaturen

[1]) Auch bei dem Angriff auf Messing und Rotguß spielt die Temperatur eine Rolle. Da es sich bei obigen Legierungen jedoch nur um sehr geringe Gewichtsabnahmen handelte, so wurde davon abgesehen, auf den Temperatureinfluß besonders hinzuweisen.

(15—18° C), wobei es nicht zu vermeiden war, daß die Unterschiede zwischen Tag- und Nachttemperaturen zum Teil noch erheblich größere Schwankungen aufwiesen.

Der störende Einfluß der schwankenden Temperaturen macht sich in den Gewichtsabnahmen der Plättchen in destilliertem Wasser am deutlichsten bemerkbar. Während die Einzelwerte je einer Versuchsreihe befriedigende Übereinstimmung zeigten, wiesen die Werte bei verschiedenen Versuchsreihen z. T. beträchtliche Unterschiede auf. Ganz allgemein kann gesagt werden, daß mit steigender Zimmertemperatur der Rostangriff des Eisens in destilliertem Wasser anstieg[1]). Unter der Annahme, daß sich der Einfluß der Temperatur bei den Salzlösungen in gleicher Weise äußert wie beim destillierten Wasser, ließe sich vielleicht eine Korrektur der Gewichtsabnahmen in der Weise vornehmen, daß man sie auf eine, für alle Reihen gleichgesetzte Gewichtsabnahme des Eisens in destilliertem Wasser bezieht; grundsätzlich würde jedoch durch diese Korrektur an dem Endergebnis nichts geändert werden, es wurde daher davon abgesehen, die tatsächlich gefundenen Gewichtsabnahmen zu korrigieren.

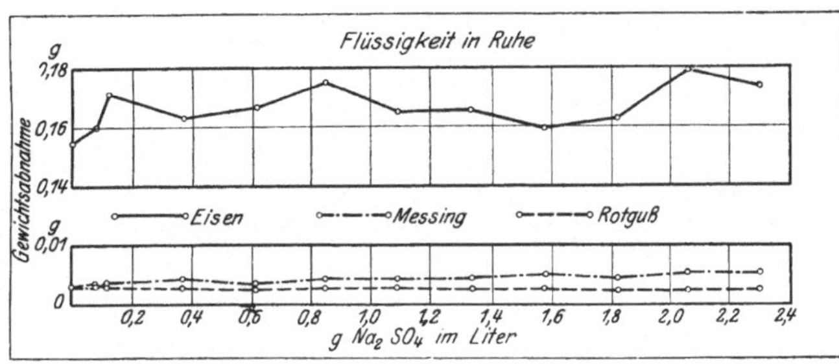

Abb. 6. Natriumsulfat (Tabelle 12).

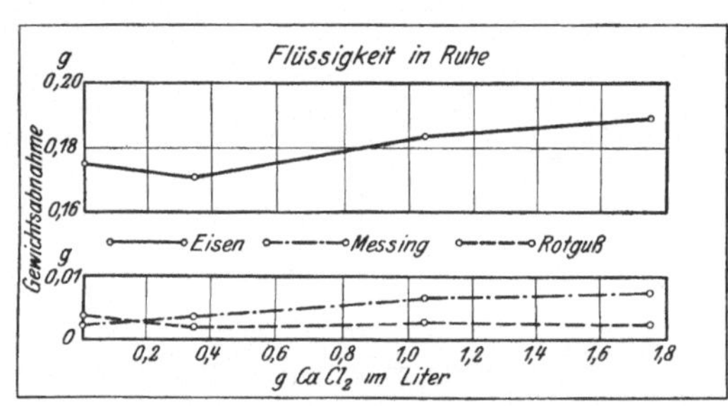

Abb. 7. Calciumchlorid (Tabelle 13).

Bemerkenswert ist, daß die Angriffskurven der Magnesiumchlorid- und Magnesiumsulfatlösungen (Abb. 3 u. 5) mit steigenden Konzentrationen schwach fallende Tendenz haben, während die Kurven vom Natriumchlorid (Abb. 4), Natriumsulfat (Abb. 6) und Calciumchlorid (Abb. 7) eher eine schwach ansteigende Tendenz aufweisen, auch liegen ganz allgemein die Kurven der Magnesiumsalze tiefer als die entsprechenden Kurven der Natriumsalze (Chloride und Sulfate).

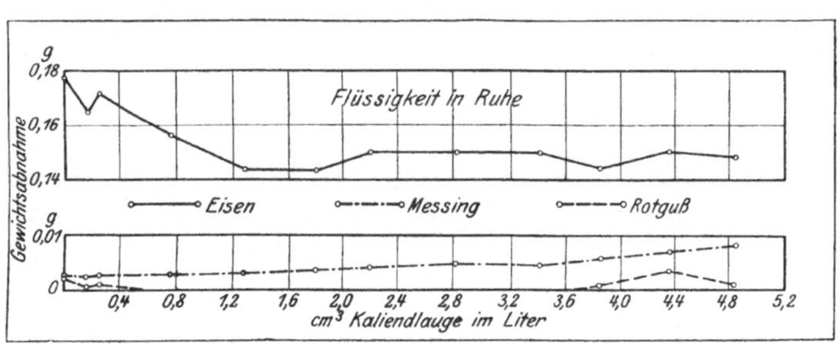

Abb. 8. Kaliendlauge (Tabelle 14).

Aus obigen Versuchen geht jedenfalls deutlich hervor, daß Eisen in nichtbewegten reinen Magnesiumchlorid- und Magnesiumsulfatlösungen bis zu Konzentrationen, die etwa 112 deutschen Härtegraden entsprechen (s. Tab. 2), bei gewöhnlicher Temperatur nicht nur nicht stärker, sondern eher etwas schwächer rostet als in Natriumchlorid-, Calciumchlorid- oder Natriumsulfatlösungen ähnlicher Konzentrationen und in destilliertem Wasser.

[1]) Näheres über den Einfluß der Temperatur siehe Seite 14.

a_2) *Salzgemische (Flüssigkeit in Ruhe).*

Über das Verhalten von Eisen, Messing und Rotguß in Kaliendlaugen, Salzgemischen und in natürlichen Wässern (nichtenthärtet und enthärtet) bei Zimmertemperatur geben die Tab. 14—16 und die Abb. 8—15 Aufschluß.

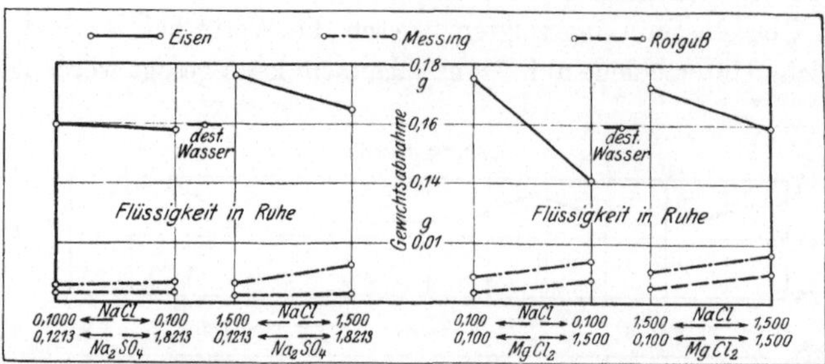

Abb. 9. Natriumchlorid + Natriumsulfat (Tabelle 15).

Abb. 10. Natriumchlorid + Magnesiumchlorid (Tabelle 15).

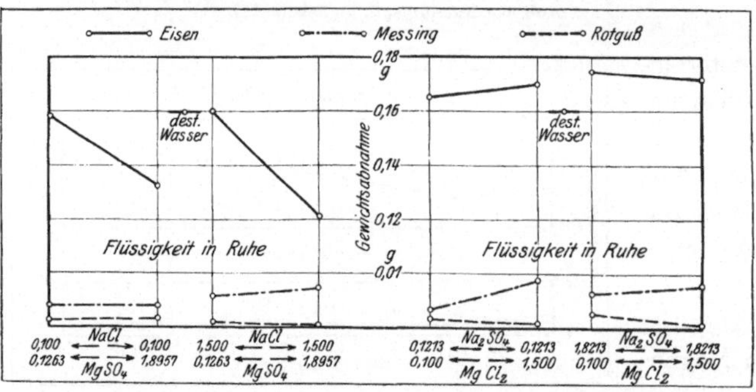

Abb. 11. Natriumchlorid + Magnesiumsulfat (Tabelle 15).

Abb. 12. Natriumsulfat + Magnesiumchlorid (Tabelle 15).

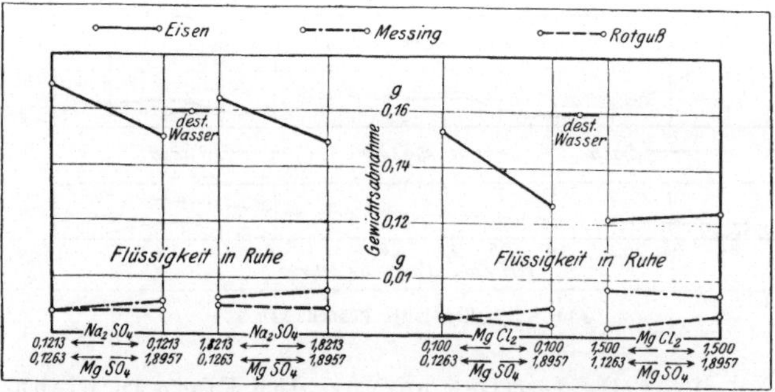

Abb. 13. Natriumsulfat + Magnesiumsulfat (Tabelle 15).

Abb. 14. Magnesiumchlorid + Magnesiumsulfat (Tabelle 15).

Zusammenfassend kann hierzu folgendes gesagt werden:

1. Messing und Rotguß. Beide Metalle wurden im Vergleich mit Eisen auch von den Salzgemischen nur unerheblich angegriffen.

In Kaliendlauge (Tab. 14 und Abb. 8) stieg der Angriff des Messings mit steigendem Gehalt des Wassers an Lauge ganz allmählich an, Rotguß wurde erheblich schwächer angegriffen. Bei einer Anzahl von Lösungen waren Gewichtszunahmen der Probeplättchen festzustellen, die davon herrührten, daß der entstehende Belag so fest auf den Rotgußplättchen haftete, daß er ohne Verletzung des Metalls nicht abgewischt werden konnte.

Bei den Versuchen mit verschiedenen Salzgemischen (Tab. 15 und Abb. 9—14) zeigte Messing ebenfalls in allen Fällen stärkeren Angriff als Rotguß, das gleiche gilt für die Versuche mit natürlichen Wässern (nicht gereinigt und gereinigt, Tab. 16 und Abb. 15).

2. Eisen. Mit steigenden Gehalten an Kaliendlauge (Tab. 14 Abb. 8) sank zunächst der Angriff bis zu der etwa 31 deutschen Härtegraden entsprechenden Konzentration (Tab. 5) und hielt sich von da ab bis zur Höchstkonzentration (199 D. Härtegrade) etwa auf gleicher Höhe; zu beachten ist noch, daß in der Kaliendlauge der Gehalt an Magnesiumchlorid (Tab. 4), gegenüber allen anderen Salzen bei weitem überwiegt. Auch diese Versuche zeigen deutlich, daß Magnesiumchlorid bei Zimmer-

wärme keinen höheren, sondern eher einen geringeren Rostangriff bedingt als z. B. destilliertes Wasser.

Zu den Versuchen mit künstlich hergestellten Salzgemischen (Tab. 15 Abb. 9—14) ist folgendes zu sagen:

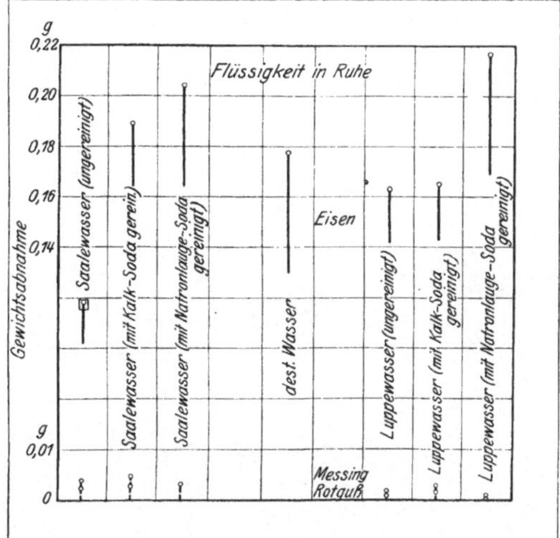

Abb. 15. Natürliche Wässer (Tabelle 16).

Natriumchlorid + Natriumsulfat (Abb. 9). Mit steigendem Natriumchloridgehalt stieg der Angriff bei gleichbleibendem Natriumsulfatgehalt an, bei hohem Natriumsulfatgehalt trat wieder deutlicher Abfall ein.

Natriumchlorid + Magnesiumchlorid (Abb. 10). Steigender Magnesiumchloridzusatz zu Natriumchloridlösungen bedingte sowohl bei niedrigen wie auch bei hohen Natriumchloridgehalten deutliches Absinken des Rostangriffes.

Natriumchlorid + Magnesiumsulfat (Abb. 11). Steigender Magnesiumsulfatzusatz zu Natriumchloridlösungen bedingte starken Abfall des Rostangriffs.

Natriumsulfat + Magnesiumchlorid (Abb. 12). Bei allen Konzentrationen blieb der Rostangriff annähernd gleich hoch. Die beim Natriumchlorid beobachtete rostmindernde Wirkung steigender Mengen von Magnesiumchlorid scheint bei Anwesenheit von Natriumsulfat nicht einzutreten.

Natriumsulfat + Magnesiumsulfat (Abb. 13). Steigende Mengen von Magnesiumsulfat bedingten auch bei Anwesenheit von Natriumsulfat ein deutliches Absinken des Rostangriffs.

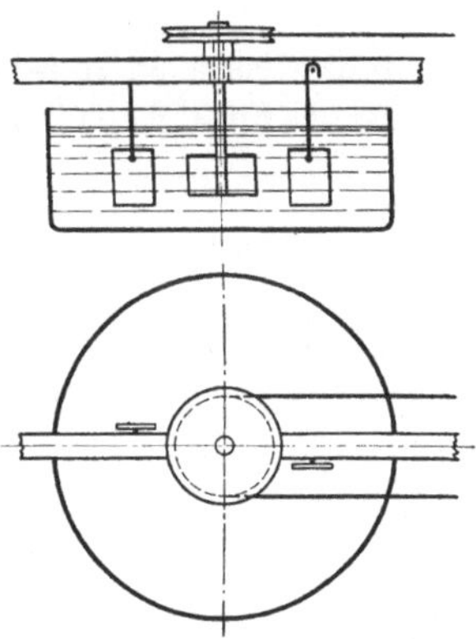

Abb. 16.
Schema der Versuchsanordnung für die Angriffsversuche in bewegten Flüssigkeiten.

Magnesiumchlorid + Magnesiumsulfat (Abb. 14). Von allen untersuchten Salzgemischen rostete das Eisen in den Gemischen, die ausschließlich Magnesiumsalze enthielten, am geringsten.

Bei den *ungereinigten natürlichen Wässern* (Saalewasser und Luppewasser Tab. 16 und Abb. 15) wurde die Feststellung des Rostangriffs beim Saalewasser dadurch erschwert, daß sich kalkhaltige, festhaftende Ablagerungen auf den Probeplättchen niederschlugen, beim Luppewasser, wo letzteres nicht der Fall war, konnte kein stärkerer Rostangriff als beim destillierten Wasser festgestellt werden. Von den gereinigten Wässern wiesen in beiden Fällen, die nach dem Natronlauge-Sodaverfahren gereinigten Wässer stärkeren Rostangriff auf als die nach dem Kalk-Sodaverfahren gereinigten.

Die Versuche zeigen, daß auch in Salzgemischen der Rostangriff des Eisens durch Zugabe von Magnesiumsalzen **nicht** *verstärkt, sondern eher verringert wird.*

b) Angriffsversuche in bewegten Flüssigkeiten.

Die Versuchsanordnung ist aus der schematischen Abb. 16 ersichtlich. Jede Glasschale enthielt (wie bei den Versuchen in Ruhe) 4 l Flüssigkeit. Die vorher gewogenen Metallplättchen

Abb. 17. Versuchsanordnung der Angriffsversuche in bewegten Flüssigkeiten.

hingen an Glashaken 15 mm unter dem Flüssigkeitsspiegel, wobei sich (wie bei den Versuchen in ruhender Flüssigkeit) immer je 2 Eisenplättchen in einer Schale und je 2 Messing- und 2 Rotgußplättchen in einer zweiten Schale befanden. Die Bewegung der Flüssigkeit wurde durch Rühren bewirkt[1]). Der Antrieb der Rührer geschah durch einen kleinen Elektromotor; sämtliche Rührer hatten die gleiche Umdrehungsgeschwindigkeit (160—180 Umdrehungen in der Minute). In Abb. 17 ist die Gesamtanordnung wiedergegeben. Die Versuche wurden in dem gleichen Raum ausgeführt, in dem sich die „Angriffsversuche in ruhenden Flüssigkeiten“ befanden. Die gleichen Reihen (in ruhenden und bewegten Flüssigkeiten) wurden zu gleichen Zeiten angesetzt, die Versuchsdauer betrug in beiden Fällen 30 Tage, die Versuche sind also unmittelbar miteinander vergleichbar.

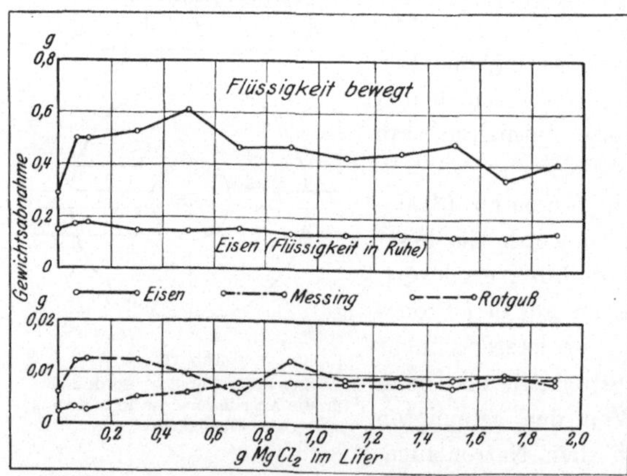

Abb. 18. Magnesiumchlorid (Tabelle 17).

[1]) Das Rühren erfolgte werktags von 8—3 Uhr; demnach beträgt die Zeit, während der die Flüssigkeit gerührt wurde, durchschnittlich etwa $^1/_4$ der Gesamtdauer des Versuches.

b_1) ***Reine Salzlösungen (Flüssigkeit bewegt).***

In den Tab. 17—20 sind die Angriffsversuche mit den Chloriden und Sulfaten der Magnesium- und Natriumsalze (Tab. 2) zusammengestellt und in den Abb. 18—21 graphisch aufgetragen. Tab. 21 (Abb. 22) zeigt das Verhalten der Metalle in Calciumchloridlösungen verschiedener Konzentration (Tab. 3).

Zum Vergleich sind in den Abb. 18 bis 22 noch die Angriffskurven für Eisen in ruhender Flüssigkeit im gleichen Maßstab wie bei den Versuchen in bewegten Flüssigkeiten mit aufgetragen.

Zu den Versuchen (Tab. 17—21 Abb. 18—22) ist folgendes zu bemerken:

1. Messing und Rotguß. Die Größenordnung des Angriffs war in bewegten Flüssigkeiten die gleiche wie in ruhenden Flüssigkeiten. Die Kurven für Magnesium- und Natriumchlorid (Abb. 18 u. 19) zeigten im allgemeinen den gleichen Verlauf wie in ruhenden Flüssigkeiten nur waren die Schwankungen bei Natriumchlorid größer. Magnesium- und Natriumsulfatlösungen griffen in bewegten Flüssigkeiten Rotguß eher etwas stärker an als Messing (Abb. 20 u. 21), während in ruhenden Flüssigkeiten durchgängig das Messing stärker angegriffen wurde als Rotguß.

Beim Calciumchlorid war der Angriff in bewegten Flüssigkeiten unregelmäßig (Abb. 22), teils wurde Rotguß stärker teils schwächer angegriffen als Messing. In ruhender Flüssigkeit war der Angriff des Rotgusses durchgängig geringer als der von Messing.

2. Eisen. Bezüglich des Einflusses der Temperatur gilt das gleiche wie für die Versuche in ruhenden Flüssigkeiten.

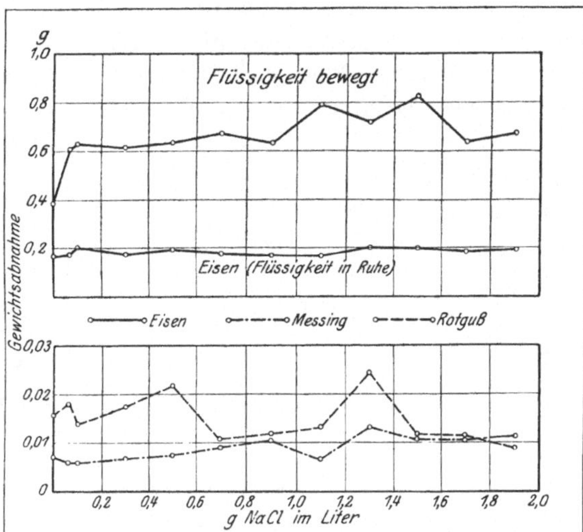

Abb. 19. Natriumchlorid (Tabelle 18).

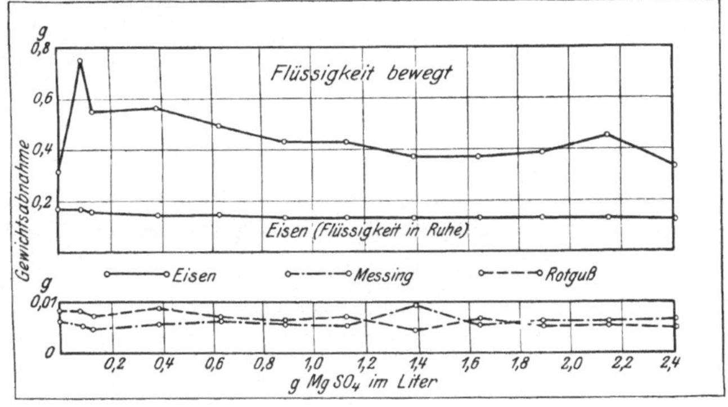

Abb. 20. Magnesiumsulfat (Tabelle 20).

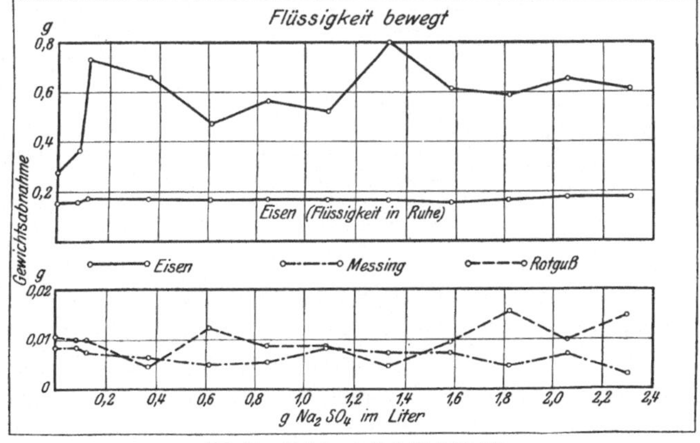

Abb. 21. Natriumsulfat (Tabelle 20).

Bemerkenswert ist jedoch, daß das Eisen in bewegten Flüssigkeiten in allen Fällen erheblich stärker rostete als in ruhenden Flüssigkeiten. Zugabe eines Salzes zum destillierten Wasser bedingte in bewegter Flüssigkeit zunächst ganz allgemein eine Verstärkung des Rostangriffs; mit steigender Konzentration war der Einfluß der verschiedenen Salze jedoch ein ähnlicher wie in ruhenden Flüssigkeiten. So zeigten z. B. bei steigenden Zusätzen von Magnesiumchlorid (Abb. 18) und Magnesiumsulfat (Abb. 20) die Angriffskurven ebenfalls abfallende Tendenz, während bei steigenden Zusätzen von Natriumchlorid (Abb. 19) und Natriumsulfat (Abb. 21) die Angriffskurven allmählich anstiegen, der Rostangriff also stärker wurde.

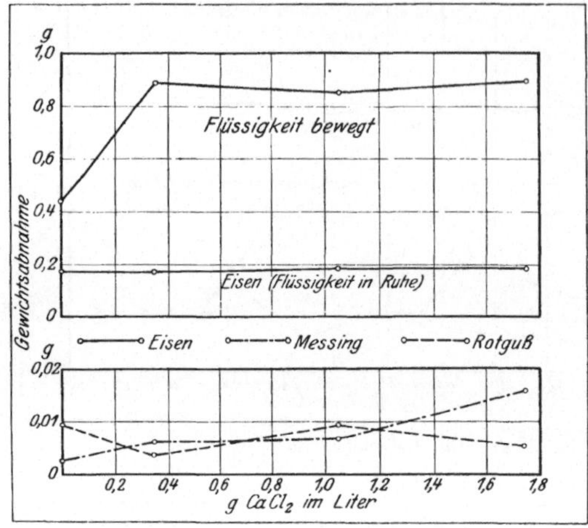

Abb. 22. Calciumchlorid (Tabelle 21).

Auch beim Calciumchlorid (Abb. 22) ließ die Angriffskurve ansteigende Tendenz erkennen.

Die Versuche zeigen, daß reine Magnesiumssalzlösungen bei gewöhnlicher Temperatur auch in bewegten Flüssigkeiten eher auf eine Verringerung als auf eine Verstärkung des Rostangriffes hinwirken.

b_2) *Salzgemische (Flüssigkeit bewegt).*

Die Versuche mit Kaliendlaugen, verschiedenen künstlich hergestellten Salzgemischen und mit natürlichen Wässern (nicht enthärtet und enthärtet) sind in den Tab. 22—24 zusammengestellt und in den Abb. 23—30 graphisch aufgetragen. Zum Vergleich sind in den Abb. 23—30 die Parallelversuche mit Eisen in ruhenden Flüssigkeiten eingezeichnet.

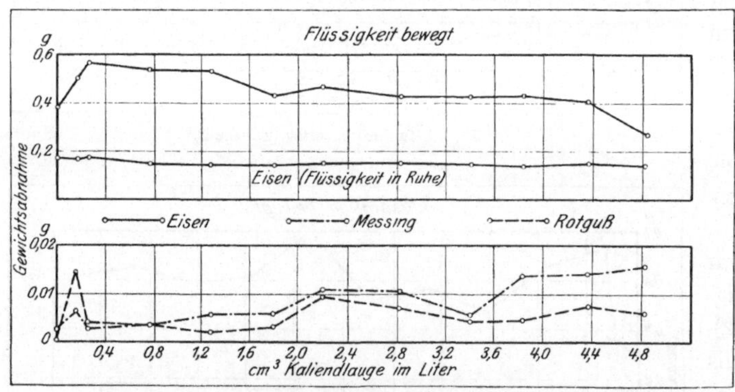

Abb. 23. Kaliendlauge (Tabelle 22).

Zu den Versuchen ist folgendes zu bemerken:

1. Messing und Rotguß. In bewegter Kaliendlauge (Tab. 22 und Abb. 23) wurden sowohl Messing wie Rotguß stärker angegriffen als in ruhender. Der Angriff zeigte insbesondere beim Messing mit steigendem Endlaugengehalt der Lösungen steigende Tendenz.

Auch in den künstlichen Salzgemischen (Tab. 23) war im allgemeinen der Angriff in bewegter Flüssigkeit etwas stärker als in ruhender (vgl. Abb. 24—29 mit den Abb. 9—14). Von der Mehrzahl der verschiedenen Salzgemische wurde Messing etwas stärker angegriffen als Rotguß; eine Ausnahme machten lediglich die Salzgemische Natriumsulfat + Magnesiumsulfat (Abb. 29), bei denen ein deutlich stärkerer Angriff des Rotgusses zu beobachten war. Von den natürlichen

Wässern (nicht enthärtet und enthärtet) wurden beide Metalle nur unerheblich angegriffen, das Messing jedoch durchgängig stärker als der Rotguß (Abb. 30).

2. Eisen. Auch bei den Salzgemischen war der Rostangriff des Eisens in bewegter Flüssigkeit erheblich stärker als in ruhender. Bei den Kaliendlaugen (Abb. 23) trat gegenüber dem destillierten Wasser zunächst, bis zu einer etwa 6 deutschen Härtegraden (Tab. 5) entsprechenden Konzentration ein Anstieg des Rostangriffs ein, bei weiterer Steigerung des Gehaltes an Kaliendlauge zeigte die Angriffskurve deutlich fallende Tendenz.

Zu den Versuchen mit künstlich hergestellten Salzgemischen (Tab. 23 Abb. 24—29) ist folgendes zu bemerken:

Natriumchlorid + Natriumsulfat (Abb. 24). In allen Fällen rosteten die Eisenplättchen in den Salzlösungen stärker als in destilliertem Wasser.

Natriumchlorid + Magnesiumchlorid (Abb. 25). Zusatz von Magnesiumchlorid bedingte ein Absinken des Rostangriffs unter den Wert für destilliertes Wasser.

Natriumchlorid + Magnesiumsulfat (Abb. 26). Steigender Magnesiumsulfatzusatz bedingte, ebenso wie in ruhender Flüssigkeit, starkes Absinken des Rostangriffs.

Natriumsulfat + Magnesiumchlorid (Abb. 27). Hohe Gehalte an Natriumsulfat scheinen, ebenso wie bei den Versuchen in ruhender Flüssigkeit, die rosthindernde Wirkung des Magnesiumchlorids abzuschwächen.

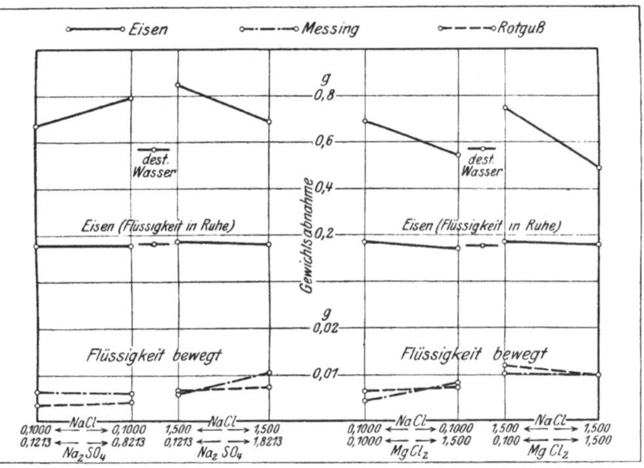

Abb. 24. Natriumchlorid + Natriumsulfat (Tabelle 23).

Abb. 25. Natriumchlorid + Magnesiumchlorid (Tabelle 23).

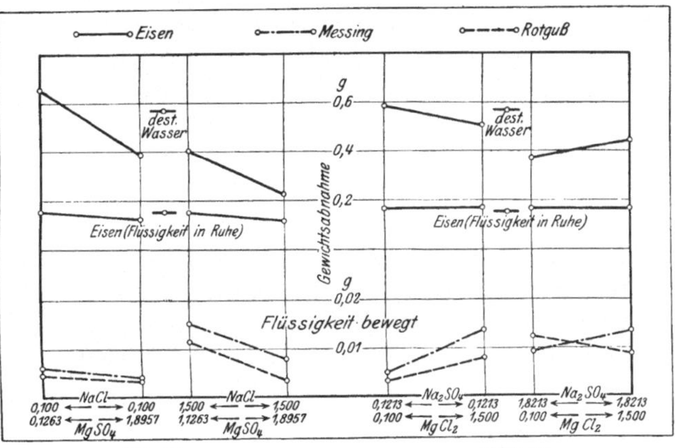

Abb. 26. Natriumchlorid + Magnesiumsulfat (Tabelle 23).

Abb. 27. Natriumsulfat + Magnesiumchlorid (Tabelle 23).

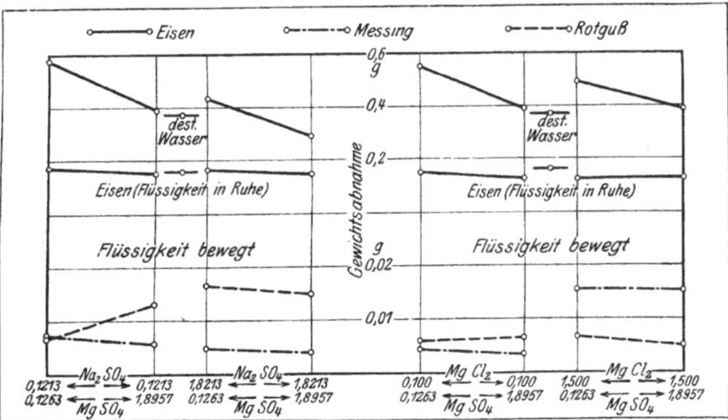

Abb. 28. Natriumsulfat + Magnesiumsulfat (Tabelle 23).

Abb. 29. Magnesiumchlorid + Magnesiumsulfat (Tabelle 23).

Natriumsulfat + Magnesiumsulfat (Abb. 28). Steigende Mengen von Magnesiumsulfat bedingten, ebenso wie bei den Versuchen in ruhender Flüssigkeit auch bei Anwesenheit von Natriumsulfat ein deutliches Absinken des Rostangriffes.

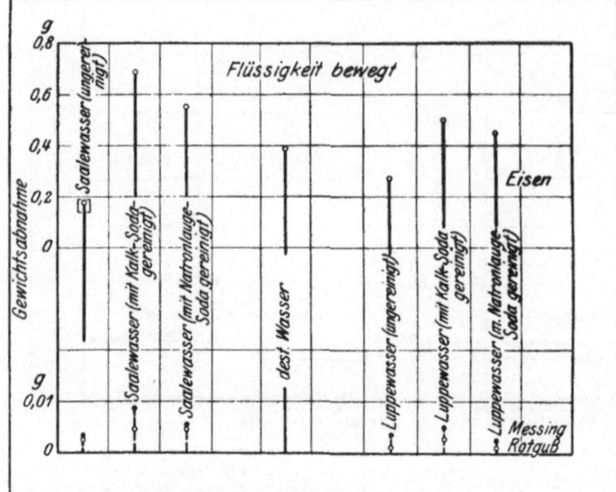

Abb. 30. Natürliche Wässer (Tabelle 24).

Magnesiumchlorid + Magnesiumsulfat (Abb. 29). In allen Fällen griffen die Salzgemische Eisen schwächer an als destilliertes Wasser. Der Angriff sank mit steigendem Gehalt an Magnesiumsulfat.

Die nicht enthärteten natürlichen Wässer (Abb. 30) verhielten sich in bewegter Flüssigkeit ähnlich wie in ruhender. Beim Saalewasser schieden sich festhaftende kalkhaltige Ablagerungen auf den Eisenplättchen ab, das Luppewasser bedingte auch in Bewegung einen geringeren Angriff auf Eisen als destilliertes Wasser. In den enthärteten Wässern rostete Eisen durchgängig etwas stärker als in destilliertem Wasser.

Auch diese Versuche zeigen, daß der Rostangriff des Eisens in Wässern die Magnesiumsalze enthalten, nicht verstärkt, sondern eher verringert wird.

D. Zusammenfassung der Ergebnisse der Angriffsversuche bei gewöhnlicher Temperatur.

Es liegt nicht in unserer Absicht hier eine Theorie der Korrosionsvorgänge aufzustellen, näheres darüber findet sich in der einschlägigen Fachliteratur[1]), die nachfolgenden Bemerkungen dienen lediglich zur Erläuterung der Versuchsergebnisse.

Messing und Rotguß. Der Angriff auf Messing und Rotguß war ganz allgemein nur unerheblich. Die reinen Salzlösungen griffen in ruhenden Flüssigkeiten durchgängig das Messing etwas stärker an als den Rotguß, während in bewegten Flüssigkeiten die Sulfate (Magnesium- und Natriumsulfat) eher den Rotguß etwas stärker angriffen.

Bei den Salzgemischen wurde in ruhender Flüssigkeit ebenfalls das Messing stärker angegriffen als Rotguß, der Angriff stieg bei Kaliendlauge mit steigendem Gehalt an Lauge. In bewegter Flüssigkeit war der Angriff im allgemeinen etwas stärker als in ruhender. Bei Kaliendlauge zeigte er insbesondere beim Messing steigende Tendenz.

Bei allen diesen Versuchen handelte es sich um zwei willkürlich herausgegriffene Legierungen (Messing bzw. Rotguß). Die Praxis verwendet jedoch eine ganze Anzahl verschiedener Messing-, Sondermessing-, Bronze- oder Rotgußsorten, die je nach ihrem Verwendungszweck (Beschläge, Armaturteile, Platten, Schiffspropeller usw.) ganz verschiedene Zusammensetzung haben. Es ist anzunehmen, daß sich die verschiedenen Legierungen je nach ihrer chemischen Zusammensetzung verschieden verhalten werden. Allgemein gültige Schlüsse lassen sich demnach aus unseren Versuchen nicht ziehen, sie haben jedoch gezeigt, daß Magnesiumsalze innerhalb

[1]) E. Heyn und O. Bauer: Über den Angriff des Eisens durch Wasser und wässerige Lösungen. Mitt. Materialpr.-Amt 1908, Heft 1 u. 2; 1910, Heft 2 u. 3. — O. Bauer und O. Vogel: Über das Rosten von Eisen in Berührung mit anderen Metallen und Legierungen. Mitt. Materialpr.-Amt 1918, Heft 3 u. 4. — E. Liebreich: Rost und Rostschutz. Braunschweig: Vieweg & Sohn, 1914. — O. Bauer und E. Wetzel: Versuche über das Rosten von Eisen in nach dem Permutitverfahren enthärtetem Wasser sowie über Mittel zur Verhinderung des Rostangriffs. Mitt. Materialpr.-Amt 1915, Heft 1. — W. H. Creutzfeld: Korrosionsforschung vom Standpunkt der Metallkunde. Braunschweig: Vieweg & Sohn 1924.

der gewählten Konzentrationen die zu den Versuchen verwendeten Legierungen (Messing bzw. Rotguß) nicht wesentlich stärker angreifen als andere Salze (Natrium- oder Calciumsalze) und als destilliertes Wasser.

Eisen. Das zu den Versuchen verwendete Eisen war ein übliches kohlenstoffarmes Flußeisen, wie es in allergrößtem Maßstabe für die verschiedensten Bau- und Konstruktionsteile die in der Praxis mit Wasser und wässerigen Salzlösungen in Berührung kommen (Schiffsplatten, Brückenkonstruktionen, Teile von Turbinen und Wasserrädern, Beschläge usw.), Verwendung findet. Den Versuchen mit Eisen kommt daher eine viel weitgehendere Bedeutung zu als den Versuchen mit Messing und Rotguß.

Der Rostprozeß des Eisens zerfällt in zwei Phasen, die scharf voneinander zu unterscheiden sind:

1. Nach der jetzt wohl allgemein anerkannten elektrolytischen Theorie des Rostens wird der Prozeß eingeleitet durch die Abgabe der elektrischen Ladung der $H^{\cdot}$-Ionen der Lösung an das Eisen unter Bildung von $Fe^{\cdot\cdot}$-Ionen und elektrisch neutralem Wasserstoff nach der Gleichung

$$Fe + 2\,H^{\cdot} \rightarrow Fe^{\cdot\cdot} + H_2 .$$

Die $Fe^{\cdot\cdot}$-Ionen setzen sich ins Gleichgewicht mit den OH'-Ionen, die den entladenen $H^{\cdot}$-Ionen entsprechen. Es bildet sich also $Fe(OH)_2$.

2. Der eigentliche Rostprozeß setzt erst beim Hinzutreten von Sauerstoff ein, der in jedem Wasser in beträchtlichen, mit der Temperatur wechselnden Mengen gelöst ist.

Das $Fe(OH)_2$ wird durch den Sauerstoff nach der Formel

$$2\,Fe(OH)_2 + H_2O + O = 2\,Fe(OH)_3$$

zu Eisenoxydhydrat oxydiert, letzteres ist in Wasser und wässerigen Lösungen unlöslich; es fällt aus. Die weiter in Lösung gehenden Eisenionen werden immer wieder, sofern genügend Sauerstoff vorhanden ist, oder sofern der verbrauchte Sauerstoff durch Diffusion ersetzt werden kann, oxydiert und ausgefällt. Der Rostprozeß schreitet also solange weiter als genügend Sauerstoff zur Verfügung steht[1]).

Da sich bei unseren Versuchen die Eisenplättchen in offenen Schalen von großer Oberfläche befanden, so konnte Sauerstoff aus der Atmosphäre ungehindert zutreten, der Rostprozeß also stetig weiterschreiten.

Die Versuche in ruhender Flüssigkeit haben ergeben, daß sowohl in reinen Salzlösungen wie auch in Salzgemischen Eisen, bei Gegenwart von Magnesiumsalzen (Chloriden und Sulfaten) nicht nur nicht stärker, sondern eher etwas schwächer rostet als in Natrium- und Calciumchlorid- oder in Natriumsulfatlösungen. Auch in den Salzgemischen drückte die Zugabe von Magnesiumsalzen den Rostangriff etwas herunter. Die Magnesiumsalze sind daher innerhalb der gewählten Konzentrationen bei gewöhnlicher Temperatur für Eisen als ungefährlich zu betrachten.

Beachtenswert ist, daß schon kleine Temperaturschwankungen den Rostangriff stark beeinflussen. Am deutlichsten kommt dieser Einfluß der Temperatur bei den Rostversuchen in destilliertem Wasser zum Ausdruck; für die Versuche in den verschiedenen Salzlösungen gilt sinngemäß das gleiche.

[1]) Obige kurze Darstellung gibt nur ganz allgemein den Mechanismus des Rostvorganges wieder. Bezüglich der Einzelheiten muß auf die einschlägige Literatur verwiesen werden. (Siehe auch Fußanmerkung 1 S. 12.)

Nachstehend sind die mittleren Gewichtsabnahmen der Eisenplättchen in destilliertem Wasser (aus den Tab. 9—16) geordnet nach steigenden Gewichtsabnahmen zusammengestellt, die mittleren Versuchstemperaturen sind ebenfalls angegeben.

Tabelle	Gewichtsabnahme der Eisenplättchen in destilliertem Wasser aus: Reihe	Mittelwert g	Mittlere Temperatur[1]) C°	Mittlere Gewichtsabnahme in Abhängigkeit von der Temperatur graphisch aufgetragen.
9	$MgCl_2$	0,1492	15	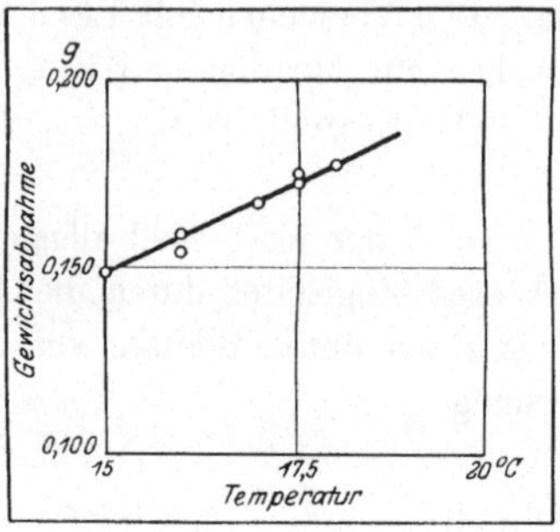
12	Na_2SO_4	0,1545	16	
15	Salzgemische	0,1591	16	
10	NaCl	0,1669	17	
11	$MgSO_4$	0,1728	17,5	
13	$CaCl_2$	0,1749	17,5	
16	verschiedene Wässer	0,1775	18	
14	Kaliendlaugen	0,1778	18	

Mit steigender Temperatur steigt der Rostangriff an!

Mit ein Grund hierfür ist der folgende: Das in unmittelbarer Umgebung der Eisenoberfläche entstehende $Fe(OH)_2$ kann nur nach Maßgabe des bereits vorhandenen bzw. hinzudiffundierenden Sauerstoffs und nach Maßgabe der Diffusion des $Fe(OH)_2$ in die Lösung hinein in $Fe_2(OH)_6$ umgewandelt werden. Es stellt sich also in ruhender Flüssigkeit bei gleichbleibender Temperatur ein Gleichgewichtszustand ein, der neben anderen Ursachen maßgebend durch die Diffusionsgeschwindigkeit der beiden reagierenden Stoffe beeinflußt wird. Mit steigender Temperatur wächst neben der Dissoziation der Salzlösung auch die Diffusionsgeschwindigkeit, die Reaktion

$$2\,Fe(OH)_2 + H_2O + O \rightarrow Fe_2(OH)_6$$

geht schneller vor sich und der Rostangriff wird beschleunigt. Allerdings nimmt das Lösungsvermögen von Wasser und wässerigen Lösungen für Sauerstoff mit der Temperatur ab; bei den bei unseren Versuchen in Frage kommenden geringen Temperaturunterschieden ist die Abnahme jedoch nur so unbedeutend, daß sie hier noch nicht in Erscheinung tritt[2]).

Die Versuche in bewegten Flüssigkeiten haben gezeigt, daß auch hier die Magnesiumsalze keinen stärkeren, sondern in Übereinstimmung mit den Versuchen in ruhenden Flüssigkeiten, eher einen etwas geringeren Angriff auf Eisen bedingt haben als die Natriumsalze und Salzgemische. Ganz allgemein war jedoch hier der Angriff stärker als in ruhender Flüssigkeit. Durch die Bewegung des Wassers wird die das Eisen umgebende und somit schützende Schicht von $Fe(OH)_2$ schnell in der ganzen Flüssigkeit verteilt und durch den Sauerstoff wie oben angegeben oxydiert. Es treten immer wieder neue $Fe^{\cdot\cdot}$-Ionen aus und der Angriff schreitet schnell weiter.

[1]) Die angegebenen Temperaturen sind ungefähre Mittelwerte aus Tages- und Nachttemperatur bei 30tägiger Versuchsdauer. Der gesetzmäßige Zusammenhang zwischen Temperatur und Rostgeschwindigkeit kommt aber überraschend deutlich zum Ausdruck. Um genaue Werte zu erhalten, müßten die Versuche im Thermostaten ausgeführt werden.

[2]) Ausführlicheres über den Einfluß der Temperatursteigerung sowie über die theoretische Begründung findet sich in der Arbeit von E. Heyn und O. Bauer: Über den Angriff des Eisens durch Wasser und wässerige Lösungen. Mitt. Materialpr.-Amt 1910, S. 102.

Maßgebend für die Geschwindigkeit des Rostangriffs ist hier die Bewegungsgeschwindigkeit des Wassers; sie überdeckt den Einfluß geringer Temperaturerhöhung auf die Diffusionsgeschwindigkeit völlig. Bemerkt mag noch werden, daß bei **sehr großen** Bewegungsgeschwindigkeiten des Wassers der Angriff unter Umständen wieder abnehmen kann. Es bildet sich dann aller Wahrscheinlichkeit nach auf dem Eisen eine Sauerstoffelektrode aus, die ein edleres Potential als der Wasserstoff besitzt. Es gehören hierzu jedoch bereits sehr große Strömungsgeschwindigkeiten[1]).

II. Versuche bei den im Dampfkessel herrschenden Temperaturen und Drucken.

Von O. Bauer und K. Zepf.

Die Versuche bei hohen Temperaturen und Drucken sollten mit größtmöglichster Anlehnung an die Verhältnisse im praktischen Betrieb durchgeführt werden.

Von der Verwendung von Dampfkesseln im Betriebe wurde jedoch Abstand genommen, da der Großbetrieb sich ohne wesentliche Störungen nicht den wechselnden Versuchsbedingungen anpassen kann. Es erschien daher notwendig, für die Versuche besondere Versuchskessel aufzustellen.

Weder das Reichsgesundheitsamt noch das Staatliche Materialprüfungsamt waren hierzu in der Lage.

Auf einer im Ammoniakwerk Merseburg am 29. Dezember 1920 stattgefundenen Vorbesprechung erklärte sich die Leitung des Ammoniakwerkes bereit, auf eigene Kosten zwei kleine Versuchskessel aufzustellen und die Überwachung der Betriebe der Kessel zu übernehmen[2]).

1. Die Versuchskesselanlage.

Die Bauart der Versuchskessel ist aus Abb. 31 ersichtlich. Die Kessel wurden mit Wassergas geheizt. Das Speiserohr (*Sp* in Abb. 31) war mit feinen Löchern versehen, so daß sich das

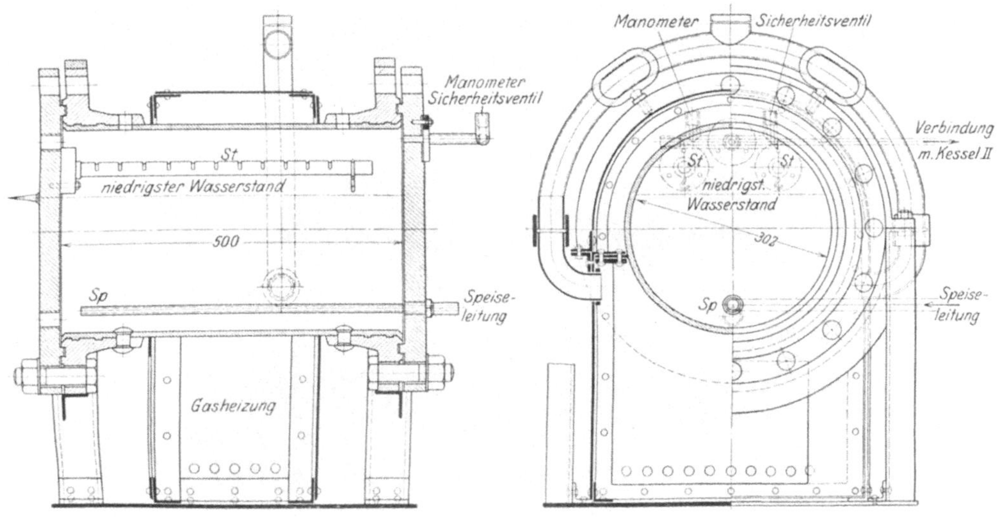

Abb. 31. Bauart der Versuchskessel.

[1]) Näheres hierüber siehe in den in Fußanmerkung 2, S. 1 angezogenen Arbeiten von E. Heyn und O. Bauer.

[2]) Es sei gestattet, der Leitung des Ammoniakwerkes für diese großzügige Unterstützung, durch die die Durchführung der Versuche überhaupt erst ermöglicht wurde, auch an dieser Stelle zu danken.

nachzuspeisende Wasser gleichmäßig über die ganze Kessellänge verteilen konnte. Die am vorderen Deckel angebrachten eisernen Stäbe (*St* in Abb. 31) dienten zum Aufhängen der Probeplättchen. Die beiden Kessel I und II wurden nebeneinander aufgestellt (s. Abb. 32 u. 33).

Abb. 32. Versuchskessel (Vorderansicht).

Der Kessel I sollte mit dem Vergleichswasser (destilliertes Wasser), der Kessel II mit der jeweiligen Salzlösung betrieben werden.

Abb. 33. Versuchskessel (Rückansicht).

Um jederzeit in beiden Kesseln die gleichen Versuchsbedingungen (gleicher Druck und gleiche Temperatur) einhalten zu können, waren ihre Dampfräume durch eine mit Wärmeschutzmasse umhüllte Rohrschlange verbunden (s. Abb. 33).

Jeder Kessel erhielt ein Manometer, zur Kontrolle des Dampfdruckes wurde außerdem noch ein Registriermanometer angeschlossen. An dem Manometerstutzen des Kessels I befand sich ein Sicherheitsventil. Zum Nachspeisen während des Betriebes diente eine gewöhnliche Wasserpreßpumpe.

2. Die zu den Versuchen verwendeten Metalle und Salzlösungen.

Zu den Versuchen wurden die gleichen Metalle: Eisen, Messing und Rotguß (s. Tab. 1) in den gleichen Abmessungen der Probeplättchen (Abb. 1) verwandt wie zu den Versuchen bei gewöhnlicher Temperatur.

Die Wässer und Salzlösungen sowie die Konzentrationen der Salzlösungen waren ebenfalls die gleichen (s. Tab. 2—8). Als Vergleichswasser diente ebenfalls destilliertes Wasser.

3. Versuchsanordnung.

Die vorher blankgeschmirgelten und gewogenen Probeplättchen wurden an den am vorderen Deckel befindlichen Stäben (*St* in Abb. 31) so aufgehängt, daß sie bei niedrigstem Wasserstand immer noch etwa 30 mm unter dem Wasserspiegel hingen. Die Eisenplättchen hingen an eisernen Haken, die Messing- und Rotgußplättchen an Glashaken aus schwer schmelzbarem Glas[1]). In jedem Kessel befanden sich je 3 Eisen-, 3 Messing- und 3 Rotgußplättchen. Abb. 34 zeigt den abgeschraubten Vorderdeckel mit den an den eisernen Stäben aufgehängten Probeplättchen.

Abb. 34. Vorderer Deckel mit Probeplättchen.

Nach dem Einsetzen und Verschrauben der Deckel wurde mit dem Füllen der Kessel begonnen.

Kessel I wurde bei allen Versuchen mit 25 l destilliertem Wasser, Kessel II mit 25 l der jeweiligen Salzlösung beschickt. Unmittelbar nach dem Füllen wurde die Heizung angestellt.

Als Versuchsdauer waren für alle Versuche $6 \times 24 = 144$ Stunden bei 16 Atm. Druck vorgesehen. Die Versuchsdauer (144 Stunden) rechnete von dem Zeitpunkt an, bei dem die Manometer 16 Atm. Druck anzeigten. Die Anheizperiode dauerte in der Regel $2^1/_2$—3 Stunden. Um Konzentrationsänderungen im Kessel II während der 144stündigen Versuchsdauer zu vermeiden, erfolgte das Nachspeisen für beide Kessel ausschließlich mit destilliertem Wasser[2]).

Nach 144 Stunden wurde die Feuerung abgestellt und die Kessel der Abkühlung auf etwa Zimmertemperatur überlassen. Nach dem Ablassen des Speisewassers wurden die Probeplättchen herausgenommen, gereinigt[3]) und zurückgewogen. Nachstehend sind die für alle Versuche geltenden, gleichen Versuchsbedingungen nochmals übersichtlich zusammengestellt:

[1]) Diese Anordnung wurde gewählt, um jede Beeinflussung der verschiedenen Metalle untereinander durch Bildung galvanischer Elemente (Eisen-Messing, Eisen-Rotguß, Messing-Rotguß) zu verhindern.

[2]) Eine Ausnahme hiervon wurde nur bei dem Dauerversuch mit natürlichen Wässern gemacht (siehe Tabelle 33, zweite Versuchsreihe und Seite 25).

[3]) Siehe Seite 3, Fußanmerkung 2.

Kessel I: Füllung mit 25 l dest. Wasser.
Kessel II: Füllung mit 25 l der jeweiligen Salzlösung.
Betriebsdruck: 16 Atm.
Versuchsdauer: 144 Stunden auf 16 Atm. gehalten.
Nachspeisen: Beide Kessel mit destilliertem Wasser.

4. Kontrolle der Versuche.

Die Oberleitung und Hauptkontrolle hatte das Staatliche Materialprüfungsamt, die Betriebskontrolle wurde durch das Ammoniakwerk Merseburg ausgeübt. Die Nachprüfung der chemischen Zusammensetzung der Speisewässer beider Kessel hatte das Reichsgesundheitsamt übernommen. Hierbei wurde in der Weise verfahren, daß zu Beginn des Anheizens aus beiden Kesseln (I u. II) Wasserproben entnommen und zur Analyse an das Reichsgesundheitsamt gesandt wurden. Außerdem wurden noch die Sauerstoffgehalte der Speisewässer beider Kessel zu Beginn und am Ende der Versuche ermittelt.

5. Durchführung der Versuche.

Bei den ersten Versuchsreihen (mit Magnesiumchloridlösungen) machte zunächst das Dichthalten des Sicherheitsventils Schwierigkeiten; erst nach Anfertigung eines Ventils aus „nichtrostendem Stahl V 2 A von Krupp" ließ sich dieser Mangel beheben. Hierdurch erklärt es sich auch, daß die Menge des nachgespeisten destillierten Wassers bei der ersten Versuchsreihe (Magnesiumchlorid) größer war und größere Schwankungen aufwies (s. Tab. 25) als bei allen späteren Versuchsreihen.

An dem Endergebnis, insbesondere an dem Unterschied zwischen dem Angriff der Eisenplättchen in Kessel I (dest. Wasser) und in Kessel II (Salzlösung) wurde hierdurch jedoch nichts geändert, wie durch Wiederholung einzelner Versuche festgestellt wurde.

Um schließlich noch dem Einwand zu begegnen, daß trotz der isolierten Aufhängung der Messing- und Rotgußplättchen (s. Seite 17 und Abb. 34) eine Beeinflussung der Eisenplättchen durch die edleren Legierungen Messing und Rotguß stattgefunden haben könnte, wurden noch einige weitere Versuche mit Magnesiumchloridlösungen in der Weise durchgeführt, daß sich in beiden Kesseln I und II nur Eisenplättchen befanden (Tab. 26, Seite 62).

Wenn eine gegenseitige Beeinflussung stattgefunden hätte, so könnte sie nur in der Weise gewirkt haben, daß das unedlere Eisen bei gleichzeitiger Gegenwart der edleren Legierungen stärker angegriffen wurde, als bei den Versuchen, bei denen sich nur Eisenplättchen in beiden Kesseln befanden. Bei den Kontrollversuchen (Tab. 26) waren jedoch die Eisenplättchen z. T. sogar erheblich stärker angegriffen als bei dem Hauptversuch (Tab. 25). Eine Beeinflussung in dem oben angedeuteten Sinne konnte daher nicht stattgefunden haben. Für alle späteren Versuchsreihen wurde daher die ursprüngliche Versuchsanordnung beibehalten.

Vor jedem Versuch wurden beide Kessel mit destilliertem Wasser ausgekocht und neu graphitiert. Insgesamt wurden 9 Versuchsreihen mit 107 Einzelversuchen durchgeführt.

E. Ergebnisse der Angriffsversuche im Dampfkessel.

a) Vergleichsversuche mit destilliertem Wasser in Kessel I.

In den Tab. 25—33 sind sämtliche Versuchsergebnisse zusammengestellt. Zu den Vergleichsversuchen mit destilliertem Wasser (Kessel I) ist folgendes zu sagen:

Die starke Krümmung des Verbindungsrohres zwischen Kessel I und II (s. Abb. 33) ließ eine Verunreinigung des destillierten Wassers in Kessel I durch den Salzgehalt des Wassers aus Kessel II von vornherein als ausgeschlossen erscheinen. Gelegentliche Nachprüfungen bestätigten Obiges. Der Angriff der Metallplättchen im Kessel I ist daher ausschließlich auf das destillierte Wasser bzw. auf den im Kessel bereits vorhandenen und durch das Speisewasser neu zugeführten Sauerstoff- (und Kohlensäure-) Gehalt zurückzuführen.

Die Gesamtmittelwerte der Gewichtsveränderungen der Eisen-, Messing- und Rotgußplättchen in Kessel I (dest. Wasser) sind nachstehend zusammengestellt:

Zusammenstellung der Gesamtmittelwerte der Gewichtsveränderungen der Versuchsplättchen aus Kessel I (dest. Wasser).

Versuchsreihe		Eisen Gewichtsabnahme Gesamtmittel g	Messing Gewichtszunahme Gesamtmittel g	Rotguß Gewichtsabnahme Gesamtmittel g
$MgCl_2$-Lösungen	Tabelle 25	— 0,0054	Mittel nicht gebildet	— 0,0084
$MgCl_2$- „	„ 26	— 0,0040	—	—
NaCl- „	„ 27	— 0,0030	+ 0,0032	— 0,0057
$MgSO_4$- „	„ 28	— 0,0028	+ 0,0066	— 0,0068
Na_2SO_4- „	„ 29	— 0,0033	+ 0,0060	— 0,0066
$CaCl_2$- „	„ 30	— 0,0024	+ 0,0022	— 0,0125
Kaliendlaugen	„ 31	— 0,0023	+ 0,0051	— 0,0072
Salzgemische	„ 32	— 0,0013	+ 0,0044	— 0,0066
Natürliche Wässer	„ 33	— 0,0020	+ 0,0051	— 0,0056

Unter Berücksichtigung der Schwierigkeiten, die bei der Durchführung so zahlreicher unter sich vergleichbarer Versuche im Dampfkessel zu überwinden waren, ist die Übereinstimmung als durchaus befriedigend anzusehen. Alle Gewichtsveränderungen der einzelnen Metalle liegen innerhalb der gleichen Größenordnung.

Beim Eisen haben lediglich die ersten Versuchsreihen (Tab. 25 u. 26) eine etwas höhere durchschnittliche Gewichtsabnahme ergeben. Der Grund dürfte in der bereits erwähnten Schwierigkeit, das Sicherheitsventil dicht zu halten, zu suchen sein. Hierdurch erforderten einzelne Versuche mehr Speisewasser, wodurch gleichzeitig mehr Sauerstoff dem Kessel zugeführt wurde [1]) Das Messing zeigte durchgängig eine sehr gleichmäßige Gewichtszunahme. Sie erklärt sich daraus, daß die Zersetzungsprodukte so fest auf der Metalloberfläche hafteten, daß sie ohne Verletzung des nichtzersetzten Messings nicht zu entfernen waren. Bei der ersten Versuchsreihe (Tab. 25) wurde der Versuch der Entfernung durch Schaben der Oberfläche gemacht, er führte aber zu keinen übereinstimmenden Ergebnissen (s. Tab. 25), von einer Mittelbildung wurde daher für diese Versuchsreihe abgesehen. Bei allen anderen Versuchsreihen wurden die Messingplättchen lediglich durch Abreiben mit einem weichen Tuch vom lose anhaftenden Belag gereinigt, und nach dem Trocknen zur Wägung gebracht.

Die Rotgußplättchen wiesen sehr gleichmäßigen, etwas kräftigeren Angriff auf.

b) Angriffsversuche im Kessel II mit reinen Salzlösungen.

1. Magnesiumchloridlösungen im Dampfkessel.

Die Ergebnisse sind in Tab. 25 zusammengestellt und in Abb. 35 graphisch aufgetragen.

Messing und Rotguß. Der Angriff war bei beiden Metallen nicht erheblich, er bewegte sich etwa in der gleichen Größenordnung wie bei den Versuchen in destilliertem Wasser (Kessel I).

[1]) Sinngemäß gilt das gleiche auch für Kessel II.

Teils wurde Messing, teils Rotguß etwas stärker angegriffen. Steigende Mengen von Magnesiumchlorid waren ohne erkennbaren Einfluß. Bemerkenswert ist, daß sich hier die Zersetzungsprodukte des Messings (mit einer Ausnahme) leicht durch Abwischen entfernen ließen, so daß untereinander gut übereinstimmende Gewichtsabnahmen erhalten wurden.

Eisen. Zusätze von Magnesiumchlorid zum destillierten Wasser bedingten ein starkes Ansteigen des Angriffs. Setzt man die durchschnittliche Gewichtsabnahme der Eisenplättchen in destilliertem Wasser = 1, so ergibt sich für die Plättchen in den Magnesiumchloridlösungen der Wert 10. Durchschnittlich wurden also die Eisenplättchen in Magnesiumchlorid-haltigem Wasser 10 mal so stark angegriffen als in destilliertem. Die Angriffskurve erreicht ihren Höchstpunkt bei 1,3 g $MgCl_2$ im Liter (Abb. 35) und fällt dann etwas ab. Bei den Kontrollversuchen, bei denen sich nur Eisenplättchen im Kessel befanden (Tab. 26) stieg der Angriff mit steigendem Magnesiumchloridgehalt ganz regelmäßig an (s. Abb. 35). Er war sehr beträchtlich größer als beim Hauptversuch. Eine ausreichende Erklärung läßt sich zur Zeit hierfür nicht geben.

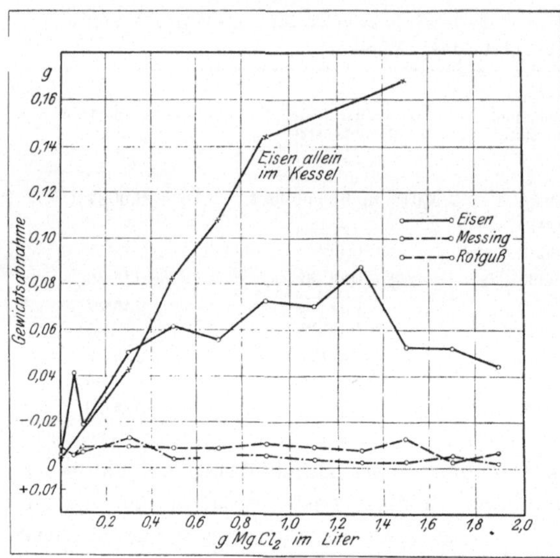

Abb. 35. Magnesiumchlorid im Dampfkessel.

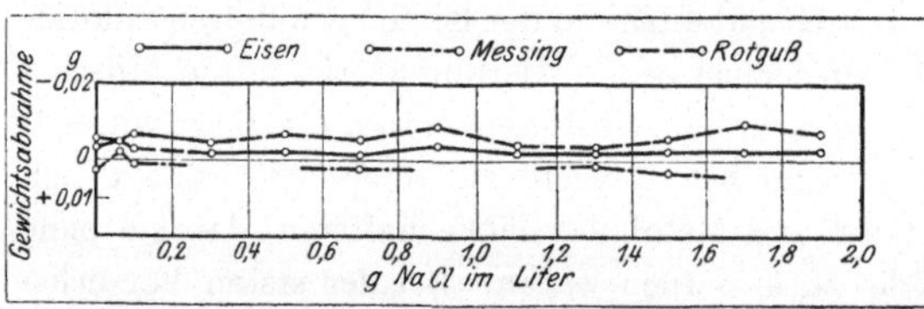

Abb. 36. Natriumchlorid im Dampfkessel.

2. Natriumchloridlösungen im Dampfkessel.

In Tab. 27 sind die Versuchsergebnisse zusammengestellt und in Abb. 36 graphisch aufgetragen.

Messing und Rotguß. Die Messingplättchen wiesen teils Gewichtsabnahmen, teils Gewichtszunahmen auf, ein Einfluß der Salzkonzentration war nicht zu beobachten.

Die Rotgußplättchen wurden in den Natriumchloridlösungen teils etwas stärker, teils etwas schwächer angegriffen als von destilliertem Wasser. Ein deutlicher Einfluß steigender Salzkonzentrationen war ebenfalls nicht festzustellen.

Eisen. Im Gegensatz zu Magnesiumchlorid verhielt sich Natriumchlorid völlig neutral. Im Gesamtdurchschnitt betrug die mittlere Gewichtsabnahme der Eisenplättchen 0,0025 g, in destilliertem Wasser bei der gleichen Versuchsreihe (Tab. 27) 0,0030 g, der Angriff war demnach in destilliertem Wasser fast genau gleich stark.

3. Magnesiumsulfatlösungen im Dampfkessel.

In Tab. 28 sind die Versuchsergebnisse zusammengestellt und in Abb. 37 graphisch aufgetragen.

Messing und Rotguß. Die Messingplättchen wiesen im allgemeinen etwas stärkere Gewichtsabnahmen auf als die Rotgußplättchen. Ein Einfluß steigender Salzkonzentrationen war nicht erkennbar. Der Angriff des Rotgusses war im allgemeinen etwas geringer als beim destillierten Wasser.

Eisen. Die Kurve der Gewichtsabnahmen zeigt mit steigenden Gehalten an Magnesiumsulfat stark ansteigende Tendenz. Bei Lösung Nr. 24 (0,1263 g $MgSO_4$) beträgt die Gewichtsabnahme der Eisenplättchen bereits das 6fache, bei Lösung Nr. 26 (0,6902 g $MgSO_4$) das 22fache und bei Lösung Nr. 32 (2,1480 g $MgSO_4$) das 45fache des Angriffs der Eisenplättchen in destilliertem Wasser.

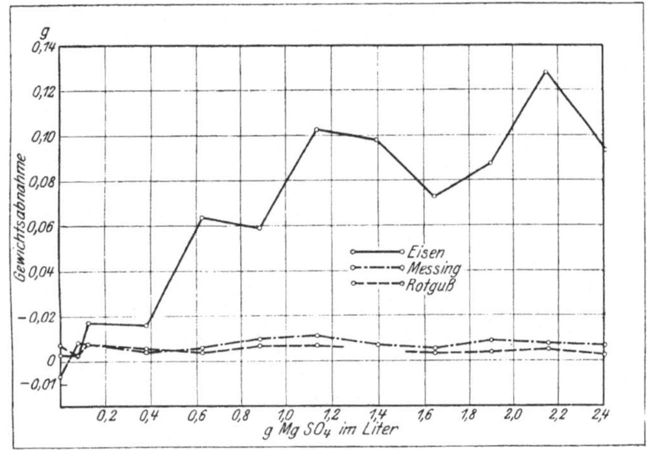

Abb. 37. Magnesiumsulfat im Dampfkessel.

4. Natriumsulfatlösungen im Dampfkessel.

In Tab. 29 sind die Versuchsergebnisse zusammengestellt und in Abb. 38 graphisch aufgetragen.

Messing und Rotguß. Die Messing- und Rotgußplättchen zeigten recht gleichmäßige, unerhebliche Gewichtsabnahmen. Ein Einfluß steigender Salzkonzentrationen war nicht festzustellen. Im allgemeinen wurden die Rotgußplättchen schwächer angegriffen als von destilliertem Wasser.

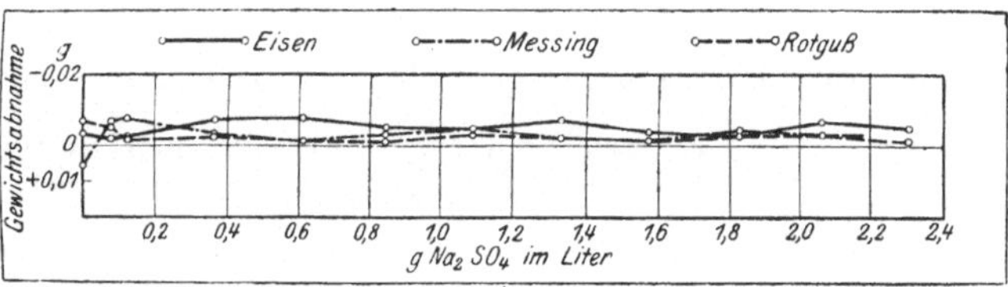

Abb. 38. Natriumsulfat im Dampfkessel.

Eisen. Ebenso wie die Natriumchloridlösungen verhielten sich auch die Natriumsulfatlösungen dem Eisen gegenüber neutral. Der Gesamtmittelwert der Gewichtsabnahmen betrug 0,0055 g, er ist zwar etwas höher als der Mittelwert der Eisenplättchen im destillierten Wasser der gleichen Versuchsreihe (0,0030 g), kommt aber fast genau an den Mittelwert der ersten Versuchsreihe (0,0054 g in Tab. 25) heran.

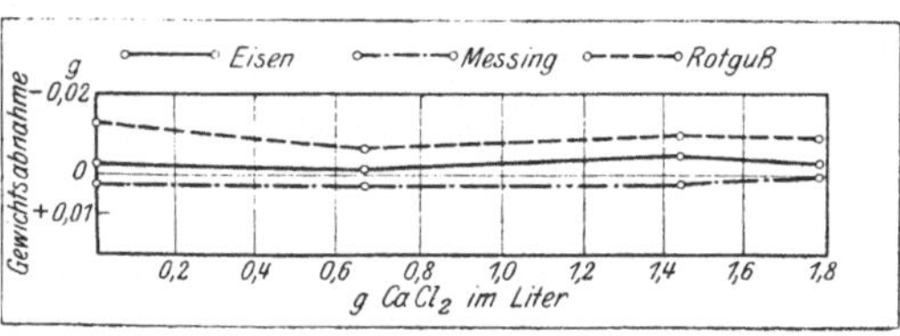

Abb. 39. Calciumchlorid im Dampfkessel.

5. Calciumchloridlösungen im Dampfkessel.

Die Ergebnisse sind in Tab. 30 zusammengestellt und in Abb. 39 graphisch aufgetragen.

Messing und Rotguß. Die Messingplättchen wiesen Gewichtszunahmen, die Rotgußplättchen Gewichtsabnahmen auf. Ein Einfluß steigender Konzentration war nicht zu erkennen.

Eisen. Ebenso wie Natriumchlorid und Natriumsulfat verhielt sich auch Calciumchlorid dem Eisen gegenüber völlig neutral.

Zu den Versuchen in reinen Salzlösungen ist, soweit Eisen in Frage kommt, noch folgendes zu sagen: Eisen wird durch Natriumchlorid, Natriumsulfat und Calciumchlorid im Dampfkessel selbst bei 16 Atm. Druck, nicht angegriffen. Die geringen festgestellten Gewichtsabnahmen sind durch den im Kessel bereits vorhandenen bzw. durch den durch das Speisewasser neu zugeführten Sauerstoff- und (Kohlensäure-) Gehalt verursacht. Wenn es demnach technisch durchführbar wäre, dem Kessel nur völlig sauerstofffreies Wasser zuzuführen, so wäre ein Angriff des Eisens selbst bei Gegenwart erheblicher Mengen von Natrium- und Calciumsalzen nicht zu befürchten.

Ganz anders verhielten sich die Magnesiumsalze (Chloride und Sulfate) bei 16 Atm. im Dampfkessel. Der Angriff stieg mit steigendem Salzgehalt und erreichte schließlich ein Vielfaches des Angriffs im destillierten Wasser.

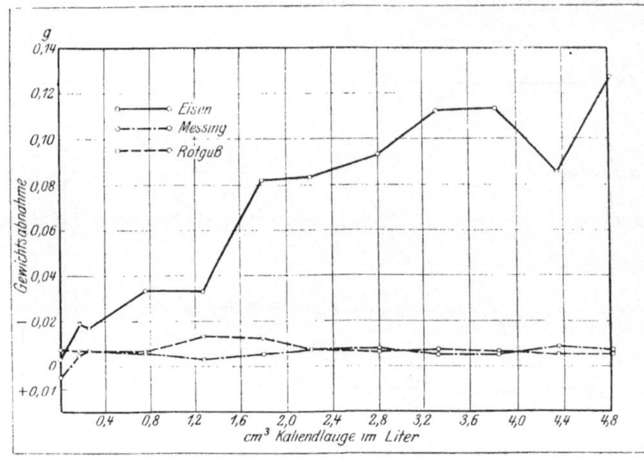

Abb. 40. Kaliendlaugen im Dampfkessel.

Der Grund hierfür liegt in der weitgehenden hydrolytischen Spaltung der Magnesiumsalze bei 16 Atm. Dampfdruck. Es kommt also zu der Wirkung des Sauerstoffs (Rostwirkung) auch noch die Wirkung der Hydrolyse (Abspaltung von Säure) hinzu. Die Versuche zeigen jedenfalls, daß reine Magnesiumsalzlösungen für den Dampfkessel gefährlich sind.

c) Angriffsversuche in Kessel II mit Salzgemischen und mit natürlichen Wassern.

1. Kaliendlaugen im Dampfkessel (Tabelle 5).

Die Ergebnisse sind in Tab. 31 zusammengestellt und in Abb. 40 graphisch aufgetragen.

Messing uud Rotguß. Beide Metalle zeigten nahezu die gleichen Gewichtsabnahmen wie Rotguß in destilliertem Wasser (Kessel I). Ein Einfluß des steigenden Gehaltes an Kaliendlauge war nicht erkennbar.

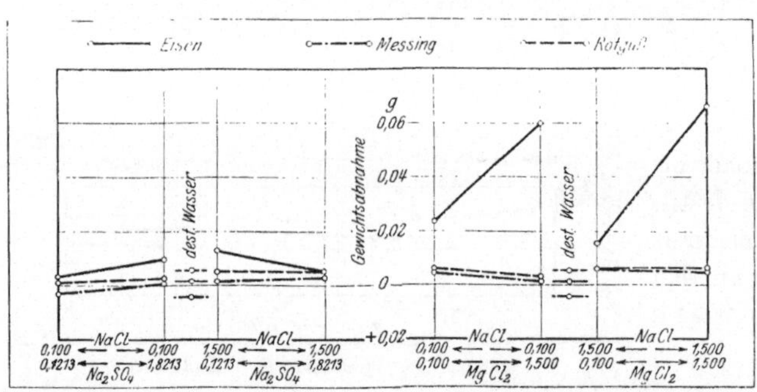

Abb. 41. Natriumchlorid + Natriumsulfat im Dampfkessel (Tabelle 32).

Abb. 42. Natriumchlorid + Magnesiumchlorid im Dampfkessel (Tabelle 32).

Eisen. Die Angriffskurve für Eisen zeigt mit steigendem Gehalt des Wassers an Endlauge stark ansteigende Tendenz. Der Verlauf der Kurve ist etwa der gleiche wie bei Magnesiumsulfat (Abb. 37). Das Eisen wird demnach von Kaliendlauge im Dampfkessel bei 16 Atm. Druck stark angegriffen, während bei Zimmertemperatur eine Verstärkung des Angriffs nicht festzustellen war. Die Erklärung für den starken Angriff ist auch hier in der hydrolytischen Spaltung der Magnesiumsalze zu suchen.

2. Salzgemische im Dampfkessel (Tabelle 6).

In Tab. 32 sind sämtliche Versuchsergebnisse zusammengestellt und in den Abb. 41—46 aufgetragen.

Messing und Rotguß verhielten sich auch bei den Salzgemischen ähnlich wie bei allen anderen Versuchen. Meist wurden die Messingplättchen, gelegentlich aber auch die Rotgußplättchen etwas stärker angegriffen. Eine Gesetzmäßigkeit war nicht zu erkennen. Im allgemeinen war der Angriff von ähnlicher Größenordnung wie beim destillierten Wasser.

Bezüglich des Angriffs der Eisenplättchen gilt folgendes:

α) Natriumchlorid + Natriumsulfat (Abb. 41).

Die Salzgemische der beiden Natriumsalze (Chloride und Sulfate) haben nur einen kaum erkennbaren Einfluß auf den Rostangriff des Eisens ausgeübt. Die gefundenen Gewichtsabnahmen liegen nur bei zwei Lösungen (Nr. 60 und 61) etwas über dem Höchstwert der Gewichtsabnahme des Eisens in destilliertem Wasser (s. Tab. 34). Es erscheint nicht ausgeschlossen, daß es sich hierbei nur um zufällige Schwankungen handelt, die bei Versuchen im Dampfkessel unvermeidlich sind.

β) Natriumchlorid + Magnesiumchlorid (Abb. 42).

Mit steigendem Gehalt an Magnesiumchlorid steigt der Angriff. Überwiegt aber das Natriumchlorid stark, so wird anscheinend die Hydrolyse des Magnesiumschlorids zurückgedrängt, der Angriff auf Eisen demnach verringert (Lösung Nr. 65). Bei gleich hohem Natrium- und Magnesiumchloridgehalt trat jedoch eher eine Verstärkung des Angriffs ein (Lösung Nr. 66).

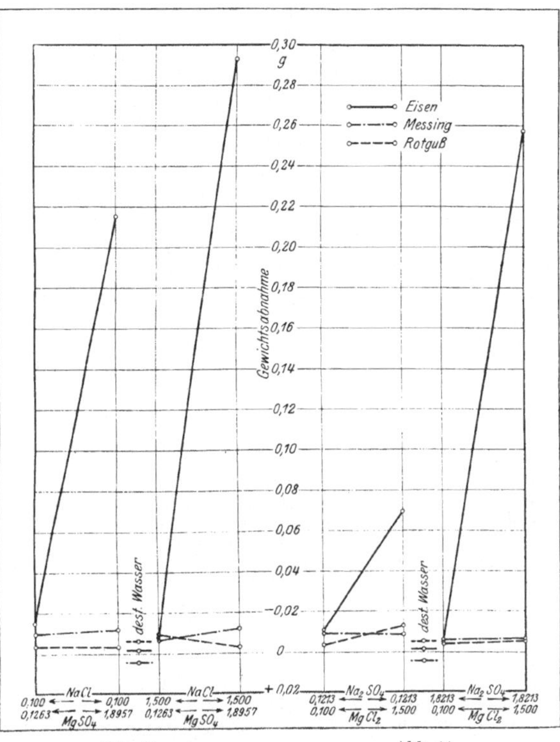

Abb. 43.
Natriumchlorid + Magnesiumsulfat im Dampfkessel (Tabelle 32).

Abb. 44.
Natriumsulfat + Magnesiumchlorid im Dampfkessel (Tabeile 32).

γ) Natriumchlorid + Magnesiumsulfat (Abb. 43).

Kleine Mengen von Natriumchlorid und Magnesiumsulfat (Lösung Nr. 67) bedingten nur einen schwachen Angriff; bei starkem Überwiegen von Natriumchlorid war der Angriff noch schwächer, er näherte sich dem Wert für destilliertes Wasser. Hohe Gehalte von Magnesiumsulfat bedingten ein sehr starkes Ansteigen des Angriffs. Auffallend erscheint, daß bei gleichzeitig hohen Natriumchlorid- und hohem Magnesiumsulfatgehalt der Angriff am stärksten war (Lösung Nr. 70).

δ) Natriumsulfat + Magnesiumchlorid (Abb. 44).

Die Lösungen mit kleinem Natriumsulfat- und steigendem Magnesiumchloridgehalt (Nr. 71 und 72) verhielten sich wie die entsprechenden Lösungen von Natrium- und Magnesiumchlorid (Abb. 42). Starkes Überwiegen von Natriumsulfat (Nr. 73) drängt anscheinend die Hydrolyse von wenig Magnesiumchlorid völlig zurück. Gleichzeitiges Vorhandensein von viel Natriumsulfat und viel Natriumchlorid ergab ebenso wie beim Versuch Nr. 70 sehr starken Angriff.

ε) Natriumsulfat + Magnesiumsulfat (Abb. 45).

Der Verlauf der Angriffskurven ist nahezu der gleiche wie bei den Lösungen von Natriumchlorid und Magnesiumsulfat (Abb. 43). Mit steigender Menge von Magnesiumsulfat wuchs der Angriff und erreichte seinen Höchstwert bei Lösung 78 mit gleichzeitig hohem Gehalt an Natrium- und Magnesiumsulfat.

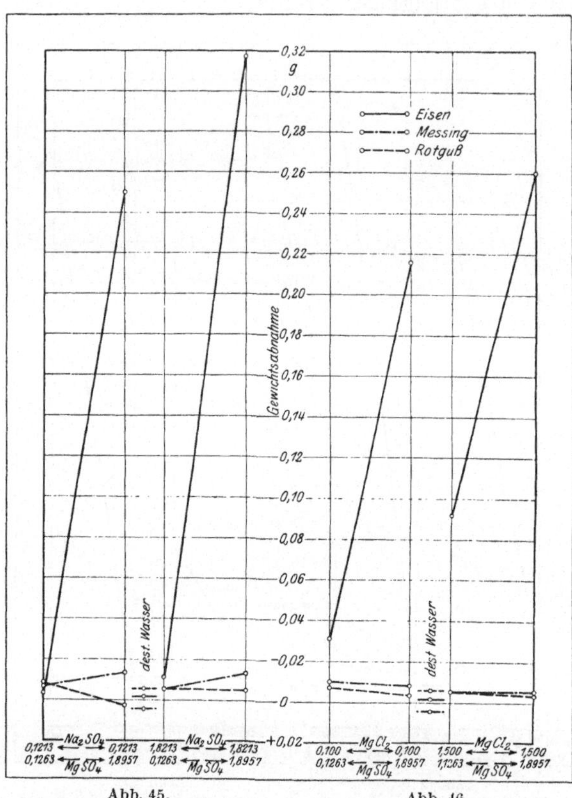

Abb. 45. Natriumsulfat + Magnesiumsulfat im Dampfkessel (Tabelle 32).

Abb. 46. Magnesiumchlorid + Magnesiumsulfat im Dampfkessel (Tabelle 32).

ζ) Magnesiumchlorid + Magnesiumsulfat (Abb. 46).

Schon bei der Lösung Nr. 79 mit sehr kleinen Gehalten an Magnesiumchlorid und Sulfat setzte hier, im Gegensatz zu den anderen Versuchen mit Salzgemischen (Abb. 42—45), ein deutlicher Angriff ein. Er wuchs mit steigender Salzkonzentration. Die Lösung Nr. 82 mit hohen Gehalten an Magnesiumchlorid und Sulfat ergab den stärksten Angriff auf Eisen, immerhin blieb er hinter dem durch Lösung Nr. 70 und 78 (Abb. 43 u. 45) bedingten Angriff noch etwas zurück[1]).

η) Natürliche Wässer im Dampfkessel (Tab. 7 u. 8).

Die erste Versuchsreihe mit Saale- und Luppewasser ungereinigt und nach zwei verschiedenen Verfahren gereinigt, wurde in genau der gleichen Weise durchgeführt wie alle anderen Versuche im Dampfkessel (16 Atm. und 114 Stunden Betriebsdauer).

In Tab. 33 (erste Versuchsreihe) sind die Ergebnisse zusammengestellt und in Abb. 47 aufgetragen. Wie Tab. 33 und Abb. 47 zeigen, haben weder die ungereinigten noch die nach den beiden Reinigungsverfahren (Kalk-Soda und Natronlauge-Soda) gereinigten Flußwässer einen merkbaren Angriff auf Messing, Rotguß und Eisen bewirkt. Die Gewichtsveränderungen liegen innerhalb der gleichen Größenordnung wie bei den Versuchen in Kessel I mit destilliertem Wasser. Dieses für den Angriff des Eisens zunächst auffallende Ergebnis wird verständlich, wenn man den im Verhältnis zu den anderen Salzen nur geringen Gehalt des ungereinigten Wassers an Magnesiumsalzen berücksichtigt (s. Tab. 7 u. 8). Die Versuche mit reinen Salzlösungen (Tab. 25, 26 u. 28) und mit Salzgemischen (Tab. 31 u. 32) haben zudem gezeigt, daß der Angriff geringer Mengen von Magnesiumsalzen an und für sich nur unerheblich ist und erst mit steigender Konzentration stark ansteigt und daß die Hydrolyse geringer Mengen von Magnesium-

[1]) Eine ausreichende Erklärung läßt sich hierfür zur Zeit noch nicht geben.

salzen bei Gegenwart von überwiegenden Mengen anderer (Neutral-) Salze anscheinend zurückgedrängt wird. Da das Nachspeisen mit destilliertem Wasser erfolgte, so konnte während des Versuchs keine Anreicherung des Kesselinhaltes an Magnesiumsalzen erfolgen. Auf den Blechen hatte sich außerdem eine ziemlich kräftige Schicht von Kesselstein abgeschieden, die ebenfalls einen gewissen Schutz bedingt.

Obige Erläuterungen geben eine ungezwungene Erklärung für die scheinbare Ungefährlichkeit der ungereinigten, durch Kaliendlaugen verunreinigten Flußwässer. Um festzustellen, wie sich ungereinigtes Wasser verhält, wenn für eine allmähliche Anreicherung der Salze durch Nachspeisen mit den im Kessel bereits befindlichen Wässern gesorgt wird, wurde eine zweite Versuchsreihe (s. Tab. 33) mit ungereinigtem und gereinigtem Saalewasser durchgeführt. Die Versuchsdauer betrug 480 Stunden.

Häufiges Dampfabblasen erforderte reichliche Nachspeisung. Insgesamt wurden 600 bis 700 l des betreffenden Wassers nachgespeist. In Tab. 33 (Zweite Versuchsreihe) sind die Ergebnisse zusammengestellt und in Abb. 47 graphisch aufgetragen.

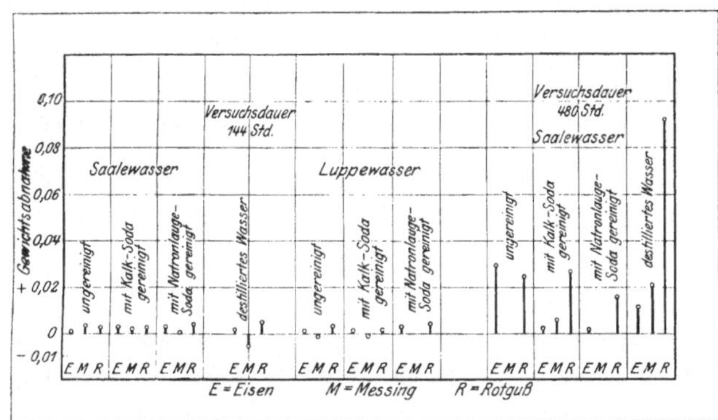

Abb. 47.
Natürliche Wässer im Dampfkessel (Tabelle 33).

Beim Öffnen der Kessel des Versuchs mit ungereinigtem Saalewasser zeigte es sich, daß die Kesselwandung mit einer etwa 0,5 mm starken Kesselsteinschicht bedeckt war, ebenso waren die Versuchsplättchen mit Kesselstein und mit Schlamm überzogen. Trotz dieses, einen gewissen Schutz bedingenden Überzuges war die Gewichtsabnahme der Eisenplättchen etwa dreimal so stark als im Kessel I mit destilliertem Wasser. Die Rotgußplättchen zeigten durchschnittliche Gewichtsabnahme wie die Eisenplättchen, sehr stark waren sie von destilliertem Wasser (Kessel I) angegriffen. Die Messingplättchen zeigten im Kessel II nur ganz unerhebliche Gewichtsabnahme, erheblich stärker im Kessel I (dest. Wasser).

Bei den Versuchen mit gereinigtem Saalewasser (Kalk-Soda und Natronlauge-Soda) zeigten die Eisenplättchen im Vergleich mit Kessel I (dest. Wasser) nur verschwindenden Angriff. Hier trat die Schutzwirkung des freien Alkalis deutlich in Erscheinung. Wie Ost[1]) gezeigt hat, kann die schädliche Wirkung der Magnesiumsalze auf Eisen durch einen hinreichenden Überschuß gelöster Carbonate von Calcium und Magnesium verhindert werden. Gewissermaßen wird auf diese Weise das Wasser im Kessel selbst durch die gegenseitige Einwirkung der gelösten Salze gereinigt. Die Rotgußplättchen zeigten wiederum erheblich stärkere Gewichtsabnahme als die Messingplättchen. Jedenfalls bestätigte dieser Dauerversuch bezüglich des Angriffs des Eisens voll die Ergebnisse der früheren Versuche mit reinen Salzlösungen und mit Salzgemischen. Er zeigte ebenfalls, daß mit steigendem Gehalt des Speisewassers an Magnesiumsalzen der Angriff des Eisens stark ansteigt.

---

[1]) A. a. O.

F. Ursache des starken Angriffs der Eisenplättchen im Dampfkessel bei Gegenwart von Magnesiumsalzen[1]).

Wiederholt ist bereits darauf hingewiesen, daß als Erklärung für den starken Angriff der Eisenplättchen im Dampfkessel bei Gegenwart von Magnesiumsalzen eine, mit der Konzentration zunehmende hydrolytische Spaltung der Magnesiumsalze anzunehmen ist, während die Natrium- und Calciumsalze unter den angewandten Versuchsbedingungen (16 Atm. Druck, etwa 202° C) keine Hydrolyse erleiden, also bei ihnen keine Abspaltung freier Säure eintritt.

Die hydrolytische Spaltung der Metallsalze starker Säuren hängt ab von dem mehr oder weniger basischen Charakter des betreffenden Metalls, und dieser ist bei Magnesium wesentlich schwächer ausgeprägt als bei Natrium oder Calcium. Anders ausgedrückt, Magnesiumhydroxyd ist im Vergleich zu Natriumhydroxyd oder Calciumhydroxyd eine schwächere Base, in geringerem Grade elektrolytisch dissoziiert:

$$Mg(OH)_2 \rightleftarrows Mg(OH)^{\cdot} + (OH)' \rightleftarrows Mg^{\cdot\cdot} + 2\,(OH)'.$$

Infolgedessen macht sich in wässerigen Lösungen der Magnesiumsalze der Wettbewerb dieses Dissoziationsgleichgewichts (zunächst die zweite Stufe der Dissoziation)

$$Mg^{\cdot\cdot} + (OH)' \rightleftarrows (MgOH)^{\cdot}$$

mit der Ionisation des Wassers

$$H_2O \rightleftarrows H^{\cdot} + (OH)'$$

geltend, indem die, durch die Addition dieser beiden Reaktionen sich ergebende Hydrolyse

$$Mg^{\cdot\cdot} + (OH)' + H_2O \leftrightarrows (MgOH)^{\cdot} + H^{\cdot} + (OH)' = Mg^{\cdot\cdot} + H_2O \rightleftarrows (MgOH)^{\cdot} + H^{\cdot}$$

bis zu einem bestimmten, von Konzentration und Temperatur abhängigen Gleichgewicht verläuft. Dabei entstehen das Ion der basischen Magnesiumsalze $(MgOH)^{\cdot}$ und Wasserstoffion $H^{\cdot}$ in äquivalenter Menge, und sobald die Hydrolyse irgendwie erheblich ist, kann man die molare Konzentration dieser beiden Hydrolysenprodukte einander gleichsetzen:

$$[MgOH^{\cdot}] = [H^{\cdot}].$$

Die Massenwirkungsgleichung lautet dann:

$$\frac{[MgOH^{\cdot}]\cdot[H^{\cdot}]}{[Mg^{\cdot\cdot}]} = \frac{[H^{\cdot}]^2}{[Mg^{\cdot\cdot}]} = K,$$

wobei K die Hydrolysenkonstante bedeutet, oder, weil bei dem immer noch geringen, hier in Betracht kommenden Hydrolysengrade die unveränderten Mg-Ionen noch der Gesamtkonzentration des Magnesiumsalzes c nahezu gleichgesetzt werden können:

$$[H^{\cdot}]^2 = K \cdot c \qquad [H^{\cdot}] = \sqrt{K \cdot c}\,.$$

K, die Hydrolysenkonstante, setzt sich aus den Konstanten der obigen zwei einzelnen Dissoziationsgleichgewichte zusammen:

$[H^{\cdot}] \cdot [OH'] = K_w$ (K_w = Ionisationskonstante des Wassers),

$\frac{[Mg^{\cdot\cdot}]\cdot[OH']}{[MgOH^{\cdot}]} = K_2$ (K_2 = Dissoziationskonstante des Magnesiumhydroxyds in zweiter Stufe).

Durch Division der zweiten in die erste Gleichung ergibt sich:

---

[1]) Bei den folgenden theoretischen Betrachtungen wurden wir in dankenswerter Weise durch Herrn Dr. R. Nitsche (Materialprüfungsamt) unterstützt.

$$\frac{[\mathrm{MgOH}^{\cdot}] \cdot [\mathrm{H}^{\cdot}]}{[\mathrm{Mg}^{\cdot\cdot}]} = \frac{K_w}{K_2}.$$

$$\frac{[\mathrm{MgOH}^{\cdot}] \cdot [\mathrm{H}^{\cdot}]}{[\mathrm{Mg}^{\cdot\cdot}]} \text{ ist aber } = K.$$

Also
$$K = \frac{K_w}{K_2} \cdot K \quad \text{ist nun } = [\mathrm{H}^{\cdot}]^2.$$

Folglich
$$\frac{[\mathrm{H}^{\cdot}]^2}{c} = \frac{K_w}{K_2}.$$

Also
$$[\mathrm{H}^{\cdot}] = \sqrt{\frac{K_w}{K_2} \cdot c}.$$

So erhält man schließlich für den durch hydrolytische Spaltung der Magnesiumsalze entstehenden Säuregrad, d. h. die Wasserstoffionenkonzentration:

$$[\mathrm{H}^{\cdot}] = \sqrt{\frac{K_w}{K_2} \cdot c}.$$

Nun ändern sich die Dissoziationskonstanten der meisten Säuren und Basen, also wahrscheinlich auch K_2, mit der Temperatur nur wenig, dagegen die Ionisationskonstante des Wassers äußerst stark. So beträgt in reinstem Wasser die Wasserstoffionenkonzentration $[\mathrm{H}^{\cdot}] = \sqrt{K_w}$ bei 50° etwa dreimal so viel als bei 18°, und man kann auf thermodynamischem Wege schätzen, daß sie bei 200° etwa 150mal so hoch ist als bei 18°. Im gleichen Verhältnis steigt Ceteris paribus auch die Hydrolyse der Magnesiumsalze, so daß es erklärlich erscheint, wenn Lösungen vom $MgCl_2$ oder $MgSO_4$, die bei gewöhnlicher Temperatur nur eben merklich sauer reagieren, im Dampfkessel bei etwa 200° wie starke Säuren wirken.

G. Zusammenfassung der Gesamtergebnisse.

I. Versuche bei gewöhnlicher Temperatur.

a) Flüssigkeit in Ruhe.

1. Messing und Rotguß. Beide Metalle wurden innerhalb der gewählten Versuchsdauer von 30 Tagen, sowohl von reinen Salzlösungen wie auch von Salzgemischen nur unerheblich angegriffen. Im allgemeinen war der Angriff des Messings etwas stärker als der des Rotgusses. Ein deutlicher Einfluß der reinen Magnesiumsalze auf die Stärke des Angriffs war nicht festzustellen. Bei den Versuchen mit Kaliendlauge zeigte die Angriffskurve des Messings mit steigendem Gehalt des Wassers an Lauge schwache Neigung zum Ansteigen.

2. Eisen. Die Versuche haben einwandfrei ergeben, daß Eisen in nicht bewegten reinen Magnesiumsalzlösungen bis zu Konzentrationen, die etwa 112 deutschen Härtegraden entsprechen, ferner in wässerigen Lösungen von Kaliendlauge (bis zu 119 deutschen Härtegraden) sowie in Salzgemischen und in natürlichen Wässern, die durch Kaliendlauge verunreinigt waren, nicht nur nicht stärker, sondern eher etwas schwächer rostet als in Natriumchlorid, Calciumchlorid- oder Natriumsulfatlösungen ähnlicher Konzentrationen und in destilliertem Wasser.

b) Flüssigkeit bewegt.

1. Messing und Rotguß. Die Größenordnung des Angriffs war in bewegten Flüssigkeiten die gleiche wie in ruhenden. Auch hier war kein deutlicher Einfluß der reinen Magnesiumsalze auf die Stärke des Angriffs zu erkennen. Die Sulfate (Magnesium- sowie Natriumsulfat) griffen in bewegten Flüssigkeiten den Rotguß etwas stärker an als das Messing, während in ruhenden Flüssigkeiten durchgängig das Messing stärker angegriffen wurde.

Bei den Versuchen mit Kaliendlaugen zeigt insbesondere die Angriffskurve des Messings mit steigendem Gehalt an Endlauge steigende Tendenz.

2. Eisen. Ganz allgemein war der Rostangriff des Eisens in bewegten Flüssigkeiten stärker als in ruhenden[1]). In Übereinstimmung mit den Versuchen in ruhenden Flüssigkeiten zeigten auch die Versuche in bewegten Wässern, daß der Rostangriff des Eisens durch Magnesiumsalze (sowohl in reinen Salzlösungen wie auch in Salzgemischen) nicht verstärkt, sondern eher verringert wird.

Magnesiumsalze sind nach obigen Versuchen (bis zu Konzentrationen, die etwa 112 bzw. 119 deutschen Härtegraden entsprechen) bei gewöhnlicher Temperatur für Eisen als ungefährlich zu betrachten.

II. Versuche im Dampfkessel.

1. Messing und Rotguß. Innerhalb der gewählten Versuchsdauer (144 Betriebsstunden) war ein deutlicher Einfluß der Magnesiumsalze auf die Korrosion von Messing und Rotguß nicht festzustellen. Bei dem Dauerversuch (480 Betriebsstunden) wurden beide Metalle von destilliertem Wasser sogar erheblich stärker angegriffen als von ungereinigtem Saalewasser.

2. Eisen. Während die Salze des Natriums (Chloride und Sulfate) sowie des Calciums im Dampfkessel ohne jeden Einfluß auf den Angriff des Eisens waren, ergaben die Versuche mit magnesiumhaltigen Wässern einen mit steigender Konzentration an Magnesiumsalzen stark ansteigenden Angriff; er erreichte schließlich ein Vielfaches des Angriffs in destilliertem Wasser. Auch die Versuche mit ungereinigtem Saalewasser ergaben bei längerer Versuchsdauer einen mit steigendem Gehalt des Speisewassers an Magnesiumsalzen ansteigenden Angriff.

Die Erklärung hierfür ist in der hydrolytischen Spaltung der Magnesiumsalze bei hohen Temperaturen und Drucken zu suchen, während die Natrium- und Calciumsalze keine Hydrolyse (Abspaltung von Säure) erleiden.

Die Versuche haben einwandfrei ergeben, daß Magnesiumsalze für den Dampfkessel gefährlich sind. Die Gefahr wächst mit der allmählichen Anreicherung des Speisewassers an Magnesiumsalzen.

[1]) Die Erklärung hierfür ist S. 14 gegeben.

Tabelle 2.

Konzentrationen der Magnesiumchlorid-, Natriumchlorid-, Magnesiumsulfat- und Natriumsulfatlösungen.

Nr. der Lösung	Magnesiumchlorid			Nr. der Lösung	Natriumchlorid NaCl	Nr. der Lösung	Magnesiumsulfat			Nr. der Lösung	Natriumsulfat	
	$MgCl_2 + 6\,H_2O$ g im Liter	$MgCl_2$ g im Liter	deutsche Härtegrade		g im Liter		$MgSO_4 + 7H_2O$ g im Liter	$MgSO_4$ g im Liter	deutsche Härtegrade		$Na_2SO_4 + 10\,H_2O$ g im Liter	Na_2SO_4 g im Liter
1	0,1451	**0,068**	4,0°	12	**0,068**	23	0,1761	**0,0859**	4,0°	34	0,1869	**0,0824**
2	0,2133	**0,100**	5,9°	13	**0,100**	24	0,2589	**0,1263**	5,9°	35	0,2751	**0,1213**
3	0,6400	**0,300**	17,7°	14	**0,300**	25	0,7790	**0,3801**	17,8°	36	0,8260	**0,3643**
4	1,0666	**0,500**	29,5°	15	**0,500**	26	1,2915	**0,6302**	29,6°	37	1,3790	**0,6081**
5	1,4933	**0,700**	41,3°	16	**0,700**	27	1,8142	**0,8853**	41,5°	38	1,9250	**0,8489**
6	1,9200	**0,900**	53,1°	17	**0,900**	28	2,3268	**1,1355**	53,3°	39	2,4780	**1,0928**
7	2,3466	**1,100**	64,9°	18	**1,100**	29	2,8495	**1,3915**	65,3°	40	3,0240	**1,3336**
8	2,7837	**1,300**	76,7°	19	**1,300**	30	3,3661	**1,6426**	77,0°	41	3,5770	**1,5775**
9	3,2000	**1,500**	88,5°	20	**1,500**	31	3,8847	**1,8957**	88,9°	42	4,1300	**1,8213**
10	3,6326	**1,700**	100,3°	21	**1,700**	32	4,4014	**2,1480**	100,7°	43	4,6760	**2,0621**
11	4,0600	**1,900**	112,1°	22	**1,900**	33	4,9200	**2,4010**	112,6°	44	5,2290	**2,3060**

Tabelle 3. Konzentrationen der Calciumchloridlösungen.

Nr. der Lösung	I. Für Versuche bei gewöhnlicher Temperatur			Nr. der Lösung	II. Für Versuche im Dampfkessel		
	$CaCl_2 + 6\,H_2O$ g im Liter	$CaCl_2$ g im Liter	deutsche Härtegrade		$CaCl_2 + 6\,H_2O$ g im Liter	$CaCl_2$ g im Liter	deutsche Härtegrade
45	0,689	0,350	17,7°	45a	1,340	0,675	34,1°
46	2,068	1,050	53,0°	46a	2,822	1,455	73,5°
47	3,443	1,748	88,3°	47a	3,529	1,769	89,4°

Tabelle 4. Kaliendlauge: Analyse.

Äußere Beschaffenheit: klar, farblos.
Reaktion gegen Lackmus: schwach alkalisch.
Dichte bei 20°, bezogen auf Wasser von 4° = 1,3156.

Magnesiumoxyd	MgO	13,27%	entsprechend	174,6 g	im Liter
Kaliumoxyd	K_2O	0,29%	„	3,8 g	„ „
Natriumoxyd	Na_2O	0,49%	„	6,5 g	„ „
Chlor	Cl	22,06%	„	290,2 g	„ „
Schwefelsäure	SO_3	2,14%	„	28,2 g	„ „

Aus diesen Zahlen läßt sich der Salzgehalt der Lauge etwa wie folgt berechnen:

Magnesiumchlorid	$MgCl_2$	29,63%	entsprechend	389,8 g	im Liter
Magnesiumsulfat	$MgSO_4$	2,18%	„	28,7 g	„ „
Kaliumsulfat	K_2SO_4	0,54%	„	7,1 g	„ „
Natriumsulfat	Na_2SO_4	0,78%	„	10,3 g	„ „
Basenüberschuß berechnet als	Na_2O	0,15%	„	2,0 g	„ „

Tabelle 5. Kaliendlauge: Verdünnungsgrade.

Nr. der Lösung	Kaliendlauge (Tabelle 4) ccm im Liter	Entsprechend g $MgCl_2$ g $MgSO_4$ im Liter	Entsprechend g MgO im Liter	Deutsche Härtegrade
48	0,1744	0,0680 $MgCl_2$ 0,0050 $MgSO_4$	0,0304	4,3°
49	0,2564	0,0999 $MgCl_2$ 0,0073 $MgSO_4$	0,0448	6,3°
50	0,7692	0,2998 $MgCl_2$ 0,0220 $MgSO_4$	0,1343	18,8°
51	1,2820	0,4997 $MgCl_2$ 0,0368 $MgSO_4$	0,2238	31,3°
52	1,7948	0,6996 $MgCl_2$ 0,0515 $MgSO_4$	0,3134	43,9°
53	2,3076	0,8995 $MgCl_2$ 0,0655 $MgSO_4$	0,4029	56,4°
54	2,8204	1,0994 $MgCl_2$ 0,0809 $MgSO_4$	0,4924	68,9°
55	3,3332	1,2993 $MgCl_2$ 0,0957 $MgSO_4$	0,5820	81,5°
56	3,8460	1,4992 $MgCl_2$ 0,1104 $MgSO_4$	0,6705	93,9°
57	4,3588	1,6991 $MgCl_2$ 0,1251 $MgSO_4$	0,7610	106,5°
58	4,8716	1,8990 $MgCl_2$ 0,1398 $MgSO_4$	0,8505	119,1°

Tabelle 6. Salzgemische.

Nr. der Lösung	Lösungen (Tabelle 2)	g im Liter (Tabelle 2)	Deutsche Härtegrade
59	NaCl -Lösung Nr. 13 Na_2SO_4- „ Nr. 35 =	0,100 g NaCl 0,1213 g Na_2SO_4	—
60	NaCl -Lösung Nr. 13 Na_2SO_4- „ Nr. 42 =	0,100 g NaCl 1,8213 g Na_2SO_4	—
61	NaCl -Lösung Nr. 20 Na_2SO_4- „ Nr. 35 =	1,500 g NaCl 0,1213 g Na_2SO_4	—
62	NaCl -Lösung Nr. 20 Na_2SO_4- „ Nr. 42 =	1,500 g NaCl 1,8213 g Na_2SO_4	—
63	NaCl -Lösung Nr. 13 $MgCl_2$ - „ Nr. 2 =	0,100 g NaCl 0,100 g $MgCl_2$	5,9°
64	NaCl -Lösung Nr. 13 $MgCl_2$ - „ Nr. 9 =	0,100 g NaCl 1,500 g $MgCl_2$	88,5°
65	NaCl -Lösung Nr. 20 $MgCl_2$ - „ Nr. 2 =	1,500 g NaCl 0,100 g $MgCl_2$	5,9°
66	NaCl -Lösung Nr. 20 $MgCl_2$ - „ Nr. 9 =	1,500 g NaCl 1,500 g $MgCl_2$	88,5°

Tabelle 6 (Fortsetzung). Salzgemische.

Nr. der Lösung	Lösungen (Tabelle 2)		g im Liter (Tabelle 2)	Deutsche Härtegrade
67	NaCl -Lösung Nr. 13 $MgSO_4$- „ Nr. 24	=	0,100 g NaCl 0,1263 g $MgSO_4$	5,9°
68	NaCl -Lösung Nr. 13 $MgSO_4$- „ Nr. 31	=	0,100 g NaCl 1,8957 g $MgSO_4$	88,9°
69	NaCl -Lösung Nr. 20 $MgSO_4$- „ Nr. 24	=	1,500 g NaCl 0,1263 g $MgSO_4$	5,9°
70	NaCl -Lösung Nr. 20 $MgSO_4$- „ Nr. 31	=	1,500 g NaCl 1,8957 g $MgSO_4$	88,9°
71	Na_2SO_4-Lösung Nr. 35 $MgCl_2$ - „ Nr. 2	=	0,1213 g Na_2SO_4 0,100 g $MgCl_2$	5,9°
72	Na_2SO_4-Lösung Nr. 35 $MgCl_2$ - „ Nr. 9	=	0,1213 g Na_2SO_4 1,500 g $MgCl_2$	88,5°
73	Na_2SO_4-Lösung Nr. 42 $MgCl_2$ - „ Nr. 2	=	1,8213 g Na_2SO_4 0,100 g $MgCl_2$	5,9°
74	Na_2SO_4-Lösung Nr. 42 $MgCl_2$ - „ Nr. 9	=	1,8213 g Na_2SO_4 1,500 g $MgCl_2$	88,5°
75	Na_2SO_4-Lösung Nr. 35 $MgSO_4$- „ Nr. 24	=	0,1213 g Na_2SO_4 0,1263 g $MgSO_4$	5,9°
76	Na_2SO_4-Lösung Nr. 35 $MgSO_4$- „ Nr. 31	=	0,1213 g Na_2SO_4 1,8957 g $MgSO_4$	88,9°
77	Na_2SO_4-Lösung Nr. 42 $MgSO_4$- „ Nr. 24	=	1,8213 g Na_2SO_4 0,1263 g $MgSO_4$	5,9°
78	Na_2SO_4-Lösung Nr. 42 $MgSO_4$- „ Nr. 31	=	1,8213 g Na_2SO_4 1,8957 g $MgSO_4$	88,9°
79	$MgCl_2$ -Lösung Nr. 2 $MgSO_4$- „ Nr. 24	=	0,100 g $MgCl_2$ 0,1263 g $MgSO_4$	11,8°
80	$MgCl_2$ -Lösung Nr. 2 $MgSO_4$- „ Nr. 31	=	0,100 g $MgCl_2$ 1,8957 g $MgSO_4$	94,8°
81	$MgCl_2$ -Lösung Nr. 9 $MgSO_4$- „ Nr. 24	=	1,500 g $MgCl_2$ 0,1263 g $MgSO_4$	94,4°
82	$MgCl_2$ -Lösung Nr. 9 $MgSO_4$- „ Nr. 31	=	1,500 g $MgCl_2$ 1,8957 g $MgSO_4$	177,4°

Tabelle 7. Saalewasser (erste Entnahme).

Saalewasser (erste Entnahme)	Nr. 83 ungereinigt mg im Liter	Nr. 84 mit Kalk-Soda gereinigt mg im Liter	Nr. 85 mit Natronlauge-Soda gereinigt mg im Liter
Abdampfrückstand	967	—	—
Glührückstand	707	—	—
Chlor (Cl)	142	nicht bestimmt	nicht bestimmt
Schwefelsäure (SO_3)	200,6	—	—
Kalk (CaO)	180,9	—	—
Magnesia (MgO)	67,0	—	—
Gesamthärte	27,9°	7,9°	0,8°
Temp. Härte	10,4°	—	—

Saalewasser (zweite Entnahme).

Saalewasser (zweite Entnahme)	Nr. 83a ungereinigt mg im Liter	Nr. 84a mit Kalk-Soda gereinigt mg im Liter	Nr. 85a mit Natronlauge-Soda gereinigt mg im Liter
Abdampfrückstand	952	1463	1111
Glührückstand	762	1385	1079
Chlor (Cl)	220	270	237
Schwefelsäure (SO_3)	229	324	241
Kalk (CaO)	158,5	2,8	Spuren
Magnesia (MgO)	78,9	5,1	„
Ammoniak (NH_3)	0,1	Spuren	„
Eisen (Fe)	—	—	0,5
Gesamthärte	26,9°	1,0°	0°
Temp. Härte	7,0°	—	—
Alkalinität:		ccm $\frac{n}{10}$ HCl in 100 ccm Wasser	
Phenolphthalein	—	5,0	1,2
Methylorange	—	2,4	2,2

Tabelle 8. Luppewasser.

Luppewasser	Nr. 86 ungereinigt mg im Liter	Nr. 87 mit Kalk-Soda gereinigt mg im Liter	Nr. 88 mit Natronlauge-Soda gereinigt mg im Liter
Abdampfrückstand	435	nicht bestimmt	nicht bestimmt
Chlor (Cl)	53,3	„ „	„ „
Schwefelsäure (SO_3)	92,0	„ „	„ „
Freie Kohlensäure (CO_2)	4,4	„ „	„ „
Kalk (CaO)	81,3	46,3	5,6
Magnesia (MgO)	31,5	6,2	2,9
Gesamthärte	12,5°	5,5°	1,0°
Temp. Härte	7,0°	—	—

Tabelle 9. Angriffsversuche mit Magnesiumchloridlösungen. (Siehe Tabelle 2 und Abb. 3.)
Flüssigkeit in Ruhe.

Temperatur: Zimmerwärme[1]). Versuchsdauer: 30 Tage.

Nr. der Lösung	$MgCl_2$ g im Liter	Eisen Gewichtsabnahme Einzelwerte g	Eisen Mittel g	Messing Gewichtsabnahme Einzelwerte g	Messing Mittel g	Rotguß Gewichtsabnahme Einzelwerte g	Rotguß Mittel g
0	destilliertes Wasser	0,1501 0,1482	**0,1492**	0,0019 0,0016	**0,0018**	0,0079 0,0074	**0,0077**
1	0,068	0,1674 0,1657	**0,1666**	0,0033 0,0032	**0,0033**	0,0122 0,0095	**0,0109**
2	0,100	0,1631 0,1649	**0,1640**	0,0033 0,0028	**0,0031**	0,0095 0,0092	**0,0094**
3	0,300	0,1542 0,1500	**0,1521**	0,0050 0,0063	**0,0057**	0,0188 0,0109	**0,0149**

[1]) Die durchschnittliche Zimmertemperatur betrug etwa 15° (Januar, Februar 1922).

Tabelle 9 (Fortsetzung). Angriffsversuche mit Magnesiumchloridlösungen.

Nr. der Lösung	$MgCl_2$ g im Liter	Eisen Gewichtsabnahme Einzelwerte g	Mittel g	Messing Gewichtsabnahme Einzelwerte g	Mittel g	Rotguß Gewichtsabnahme Einzelwerte g	Mittel g
4	0,500	0,1425 0,1494	**0,1460**	0,0066 0,0059	**0,0063**	0,0105 0,0103	**0,0104**
5	0,700	0,1505 0,1514	**0,1510**	0,0076 0,0066	**0,0071**	0,0134 0,0093	**0,0114**
6	0,900	0,1400 0,1378	**0,1389**	0,0078 0,0093	**0,0086**	0,0144 0,0126	**0,0135**
7	1,100	0,1400 0,1361	**0,1381**	0,0097 0,0082	**0,0090**	0,0089 0,0122	**0,0106**
8	1,300	0,1450 0,1408	**0,1429**	0,0049 0,0082	**0,0066**	0,0099 0,0064	**0,0082**
9	1,500	0,1382 0,1364	**0,1373**	0,0088 0,0086	**0,0087**	0,0053 0,0066	**0,0060**
10	1,700	0,1329 0,1302	**0,1316**	0,0070 0,0072	**0,0071**	0,0095 0,0150	**0,0123**
11	1,900	0,1448 0,1362	**0,1405**	0,0091 0,0092	**0,0092**	0,0047 0,0026	**0,0037**

Tabelle 10. Angriffsversuche mit Natriumchloridlösungen. (Siehe Tabelle 2 und Abb. 4.)

Flüssigkeit in Ruhe.

Temperatur: Zimmerwärme[1]). Versuchsdauer: 30 Tage.

Nr. der Lösung	NaCl g im Liter	Eisen Einzelwerte g	Mittel g	Messing Einzelwerte g	Mittel g	Rotguß Einzelwerte g	Mittel g
0	0	0,1672 0,1665	**0,1669**	0,0028 0,0025	**0,0027**	0,0032 0,0025	**0,0029**
12	0,068	0,1711 0,1657	**0,1684**	0,0048 0,0048	**0,0048**	0,0143 0,0172	**0,0158**
13	0,100	0,2102 0,1965	**0,2034**	0,0041 0,0036	**0,0039**	0,0066 0,0071	**0,0069**
14	0,300	0,1821 0,1740	**0,1781**	0,0035 0,0030	**0,0033**	0,0134 0,0134	**0,0134**
15	0,500	0,1996 0,1910	**0,1953**	0,0029 0,0033	**0,0031**	0,0098 0,0120	**0,0109**
16	0,700	0,1757 0,1843	**0,1800**	0,0049 0,0048	**0,0049**	0,0091 0,0095	**0,0093**
17	0,900	0,1738 0,1678	**0,1708**	0,0038 0,0040	**0,0039**	0,0135 0,0073	**0,0104**
18	1,100	0,1808 0,1600	**0,1704**	0,0073 0,0087	**0,0080**	0,0062 0,0029	**0,0046**
19	1,300	0,1889 0,1887	**0,1888**	0,0064 0,0082	**0,0073**	0,0075 0,0075	**0,0075**
20	1,500	0,1968 0,1803	**0,1886**	0,0079 0,0076	**0,0078**	0,0068 0,0023	**0,0046**

[1]) Die durchschnittliche Zimmertemperatur betrug etwa 17° (April, Mai 1922).

Tabelle 10 (Fortsetzung). Angriffsversuche mit Natriumchloridlösungen.

Nr. der Lösung	NaCl g im Liter	Eisen Gewichtsabnahme Einzelwerte g	Eisen Mittel g	Messing Gewichtsabnahme Einzelwerte g	Messing Mittel g	Rotguß Gewichtsabnahme Einzelwerte g	Rotguß Mittel g
21	1,700	0,1797 0,1864	**0,1831**	0,0095 0,0085	**0,0090**	0,0058 0,0067	**0,0063**
22	1,900	0,1968 0,1886	**0,1927**	0,0077 0,0089	**0,0083**	0,0036 0,0033	**0,0035**

Tabelle 11. Angriffsversuche mit Magnesiumsulfatlösungen. (Siehe Tabelle 2 und Abb. 5.)

Flüssigkeit in Ruhe.

Temperatur: Zimmerwärme[1]). Versuchsdauer: 30 Tage.

Nr. der Lösung	$MgSO_4$ g im Liter	Eisen Einzelwerte g	Eisen Mittel g	Messing Einzelwerte g	Messing Mittel g	Rotguß Einzelwerte g	Rotguß Mittel g
0	0	0,1774 0,1681	**0,1728**	0,0023 0,0018	**0,0021**	0,0036 0,0030	**0,0033**
23	0,0859	0,1653 0,1722	**0,1688**	0,0023 0,0025	**0,0024**	0,0029 0,0022	**0,0026**
24	0,1263	0,1529 0,1655	**0,1592**	0,0026 0,0029	**0,0028**	0,0032 0,0030	**0,0031**
25	0,3801	0,1515 0,1385	**0,1450**	0,0046 0,0043	**0,0045**	0,0025 0,0027	**0,0026**
26	0,6302	0,1434 0,1415	**0,1425**	0,0046 0,0048	**0,0047**	0,0031 0,0020	**0,0026**
27	0,8853	0,1325 0,1400	**0,1363**	0,0052 0,0049	**0,0051**	0,0027 0,0029	**0,0028**
28	1,1355	0,1394 0,1337	**0,1366**	0,0048 0,0050	**0,0049**	0,0024 0,0023	**0,0024**
29	1,3915	0,1308 0,1327	**0,1318**	0,0054 0,0057	**0,0056**	0,0026 0,0024	**0,0025**
30	1,6426	0,1336 0,1420	**0,1378**	0,0048 0,0051	**0,0050**	0,0024 0,0023	**0,0024**
31	1,8957	0,1341 0,1302	**0,1322**	0,0050 0,0054	**0,0052**	0,0022 0,0019	**0,0021**
32	2,1480	0,1301 0,1346	**0,1324**	0,0061 0,0062	**0,0062**	0,0024 0,0025	**0,0025**
33	2,4010	0,1421 0,1305	**0,1363**	0,0052 0,0058	**0,0055**	0,0025 0,0023	**0,0024**

Tabelle 12. Angriffsversuche mit Natriumsulfatlösungen. (Siehe Tabelle 2 und Abb. 6.)

Flüssigkeit in Ruhe.

Temperatur: Zimmerwärme[2]). Versuchsdauer: 30 Tage.

Nr. der Lösung	Na_2SO_4 g im Liter	Eisen Einzelwerte g	Eisen Mittel g	Messing Einzelwerte g	Messing Mittel g	Rotguß Einzelwerte g	Rotguß Mittel g
0	0	0,1503 0,1586	**0,1545**	0,0029 0,0029	**0,0029**	0,0032 0,0025	**0,0029**
34	0,0824	0,1609 0,1565	**0,1587**	0,0032 0,0026	**0,0029**	0,0034 0,0029	**0,0032**
35	0,1213	0,1654 0,1775	**0,1715**	0,0031 0,0038	**0,0035**	0,0031 0,0025	**0,0028**

[1]) Die durchschnittliche Zimmertemperatur betrug etwa 17,5° (August/September 1922).

[2]) Die durchschnittliche Zimmertemperatur betrug etwa 16° (Mai/Juni 1923).

Tabelle 12 (Fortsetzung). Angriffsversuche mit Natriumsulfatlösungen.

Nr. der Lösung	Na_2SO_4 g im Liter	Eisen Gewichtsabnahme Einzelwerte g	Eisen Mittel g	Messing Gewichtsabnahme Einzelwerte g	Messing Mittel g	Rotguß Gewichtsabnahme Einzelwerte g	Rotguß Mittel g
36	0,3643	0,1583 0,1663	**0,1623**	0,0042 0,0042	**0,0042**	0,0029 0,0024	**0,0027**
37	0,6081	0,1661 0,1658	**0,1660**	0,0024 0,0040	**0,0032**	0,0028 0,0021	**0,0025**
38	0,8489	0,1813 0,1689	**0,1751**	0,0040 0,0045	**0,0043**	0,0026 0,0028	**0,0027**
39	1,0928	0,1728 0,1579	**0,1654**	0,0046 0,0037	**0,0042**	0,0026 0,0023	**0,0025**
40	1,3336	0,1647 0,1667	**0,1657**	0,0048 0,0043	**0,0046**	0,0027 0,0027	**0,0027**
41	1,5775	0,1508 0,1670	**0,1589**	0,0048 0,0047	**0,0048**	0,0021 0,0022	**0,0022**
42	1,8213	0,1596 0,1667	**0,1632**	0,0038 0,0049	**0,0044**	0,0025 0,0020	**0,0023**
43	2,0621	0,1795 0,1793	**0,1794**	0,0056 0,0053	**0,0055**	0,0025 0,0020	**0,0023**
44	2,3060	0,1726 0,1744	**0,1735**	0,0051 0,0052	**0,0052**	0,0021 0,0025	**0,0023**

Tabelle 13. Angriffsversuche mit Calciumchloridlösungen. (Siehe Tabelle 3 und Abb. 7.)

Temperatur: Zimmerwärme[1]). Flüssigkeit in Ruhe. Versuchsdauer: 30 Tage.

Nr.	$CaCl_2$	Eisen Einzelwerte	Eisen Mittel	Messing Einzelwerte	Messing Mittel	Rotguß Einzelwerte	Rotguß Mittel
0	0	0,1715 0,1783	**0,1749**	0,0028 0,0020	**0,0024**	0,0034 0,0040	**0,0037**
45	0,350	0,1646 0,1761	**0,1704**	0,0038 0,0038	**0,0038**	0,0024 0,0012	**0,0018**
46	1,050	0,1936 0,1735	**0,1836**	0,0069 0,0060	**0,0065**	0,0030 0,0022	**0,0026**
47	1,748	0,1972 0,1802	**0,1887**	0,0067 0,0074	**0,0071**	0,0034 0,0012	**0,0023**

Tabelle 14. Angriffsversuche mit Kaliendlaugen. (Siehe Tabelle 5 und Abb. 8).

Temperatur: Zimmerwärme[2]). Flüssigkeit in Ruhe. Versuchsdauer: 30 Tage.

Nr.	Kaliendlauge ccm im Liter	Eisen Einzelwerte	Eisen Mittel	Messing Einzelwerte	Messing Mittel	Rotguß Einzelwerte	Rotguß Mittel
0	0	0,1790 0,1766	**0,1778**	0,0018 0,0035	**0,0027**	0,0035 0,0009	**0,0022**
48	0,1744	0,1665 0,1626	**0,1646**	0,0022 0,0023	**0,0023**	0,0007 0,0002	**0,0005**
49	0,2564	0,1782 0,1656	**0,1719**	0,0025 0,0026	**0,0026**	0,0012 0,0008	**0,0010**
50	0,7692	0,1545 0,1582	**0,1564**	0,0032 0,0028	**0,0030**	0,0000 + 0,0006	+ **0,0003**

[1]) Die durchschnittliche Zimmertemperatur betrug etwa 17,5° (November/Dezember 1924).
[2]) Die durchschnittliche Zimmertemperatur betrug etwa 18° (Juli/August 1923).

Tabelle 14 (Fortsetzung). Angriffsversuche mit Kaliendlaugen.

Nr. der Lösung	Kaliendlauge ccm im Liter	Eisen Gewichtsabnahme Einzelwerte g	Eisen Mittel g	Messing Gewichtsabnahme Einzelwerte g	Messing Mittel g	Rotguß Gewichtsabnahme Einzelwerte g	Rotguß Mittel g
51	1,2820	0,1425 0,1446	**0,1436**	0,0032 0,0030	**0,0031**	+ 0,0001 + 0,0012	+ **0,0007**
52	1,7948	0,1369 0,1498	**0,1434**	0,0036 0,0038	**0,0037**	+ 0,0009 0,0002	+ **0,0004**
53	2,3076	0,1461 0,1534	**0,1498**	0,0042 0,0039	**0,0041**	+ 0,0007 + 0,0021	+ **0,0014**
54	2,8204	0,1445 0,1551	**0,1498**	0,0049 0,0047	**0,0048**	+ 0,0003 + 0,0020	+ **0,0012**
55	3,3332	0,1488 0,1500	**0,1494**	0,0045 0,0047	**0,0046**	+ 0,0007 + 0,0006	+ **0,0007**
56	3,8460	0,1452 0,1434	**0,1443**	0,0059 0,0053	**0,0056**	+ 0,0004 0,0014	**0,0005**
57	4,3588	0,1597 0,1412	**0,1505**	0,0069 0,0066	**0,0068**	0,0021 0,0044	**0,0033**
58	4,8716	0,1574 0,1392	**0,1483**	0,0077 0,0083	**0,0080**	0,0019 + 0,0002	**0,0009**

Tabelle 15. Angriffsversuche mit Salzgemischen. (Siehe Tabelle 6 und Abb. 9 bis 14.)

Temperatur: Zimmerwärme[1]). Flüssigkeit in Ruhe. Versuchsdauer: 30 Tage.

Nr. der Lösung	Salze g im Liter	Eisen Einzelwerte g	Eisen Mittel g	Messing Einzelwerte g	Messing Mittel g	Rotguß Einzelwerte g	Rotguß Mittel g
0	0	0,1688 0,1494	**0,1591**	—	—	—	—
59	0,100 NaCl 0,1213 Na_2SO_4	0,1639 0,1556	**0,1598**	0,0016 0,0037	**0,0027**	0,0019 0,0016	**0,0018**
60	0,100 NaCl 1,8213 Na_2SO_4	0,1563 0,1597	**0,1580**	0,0025 0,0046	**0,0036**	0,0022 0,0018	**0,0020**
61	1,500 NaCl 0,1213 Na_2SO_4	0,1743 0,1776	**0,1760**	0,0031 0,0032	**0,0032**	0,0014 0,0014	**0,0014**
62	1,500 NaCl 1,8213 Na_2SO_4	0,1663 0,1646	**0,1655**	0,0062 0,0059	**0,0061**	0,0014 0,0016	**0,0015**
63	0,100 NaCl 0,100 $MgCl_2$	0,1745 0,1750	**0,1748**	0,0041 0,0043	**0,0042**	0,0016 0,0017	**0,0017**
64	0,100 NaCl 1,500 $MgCl_2$	0,1367 0,1447	**0,1407**	0,0070 0,0069	**0,0070**	0,0045 0,0030	**0,0038**
65	1,500 NaCl 0,100 $MgCl_2$	0,1732 0,1722	**0,1727**	0,0051 0,0051	**0,0051**	0,0023 0,0029	**0,0026**
66	1,500 NaCl 1,500 $MgCl_2$	0,1684 0,1496	**0,1590**	0,0083 0,0088	**0,0086**	0,0034 0,0066	**0,0050**
67	0,100 NaCl 0,1263 $MgSO_4$	0,1628 0,1540	**0,1584**	0,0040 0,0039	**0,0040**	0,0015 0,0015	**0,0015**
68	0,100 NaCl 1,8957 $MgSO_4$	0,1325 0,1317	**0,1321**	0,0030 0,0051	**0,0041**	0,0015 0,0018	**0,0017**

[1]) Die durchschnittliche Zimmertemperatur betrug etwa 16° (Januar/Februar 1924).

Tabelle 15 (Fortsetzung). Angriffsversuche mit Salzgemischen.

Nr. der Lösung	Salze g im Liter	Eisen Gewichtsabnahme Einzelwerte g	Eisen Gewichtsabnahme Mittel g	Messing Gewichtsabnahme Einzelwerte g	Messing Gewichtsabnahme Mittel g	Rotguß Gewichtsabnahme Einzelwerte g	Rotguß Gewichtsabnahme Mittel g
69	1,500 NaCl 0,1263 $MgSO_4$	0,1588 0,1597	**0,1593**	0,0058 0,0056	**0,0057**	0,0011 0,0009	**0,0010**
70	1,500 NaCl 1,8957 $MgSO_4$	0,1207 0,1213	**0,1210**	0,0074 0,0070	**0,0072**	0,0011 0,0001	**0,0006**
71	0,1213 Na_2SO_4 0,100 $MgCl_2$	0,1659 1,1631	**0,1645**	0,0042 0,0024	**0,0033**	0,0017 0,0016	**0,0017**
72	0,1213 Na_2SO_4 1,500 $MgCl_2$	0,1710 0,1675	**0,1693**	0,0090 0,0081	**0,0086**	0,0009 0,0006	**0,0008**
73	1,8213 Na_2SO_4 0,100 $MgCl_2$	0,1773 0,1710	**0,1742**	0,0066 0,0059	**0,0063**	0,0032 0,0020	**0,0026**
74	1,8213 Na_2SO_4 1,500 $MgCl_2$	0,1725 0,1709	**0,1717**	0,0077 0,0081	**0,0079**	0,0008 0,0005	**0,0007**
75	0,1213 Na_2SO_4 0,1263 $MgSO_4$	0,1692 0,1690	**0,1691**	0,0038 0,0040	**0,0039**	0,0040 0,0036	**0,0038**
76	0,1213 Na_2SO_4 1,8957 $MgSO_4$	0,1525 0,1482	**0,1504**	0,0055 0,0055	**0,0055**	0,0040 0,0040	**0,0040**
77	1,8213 Na_2SO_4 0,1263 $MgSO_4$	0,1705 0,1576	**0,1641**	0,0060 0,0065	**0,0063**	0,0046 0,0049	**0,0047**
78	1,8213 Na_2SO_4 1,8957 $MgSO_4$	0,1482 0,1498	**0,1490**	0,0081 0,0075	**0,0078**	0,0044 0,0043	**0,0044**
79	0,100 $MgCl_2$ 0,1263 $MgSO_4$	0,1576 0,1476	**0,1526**	0,0026 0,0030	**0,0028**	0,0030 0,0036	**0,0033**
80	0,100 $MgCl_2$ 1,8957 $MgSO_4$	0,1261 0,1210	**0,1236**	0,0047 0,0050	**0,0049**	0,0022 0,0014	**0,0018**
81	1,500 $MgCl_2$ 0,1263 $MgSO_4$	0,1052 0,1389	**0,1221**	0,0085 0,0079	**0,0082**	0,0012 0,0012	**0,0012**
82	1,500 $MgCl_2$ 1,8957 $MgSO_4$	0,1243 0,1244	**0,1244**	0,0075 0,0073	**0,0074**	0,0036 0,0036	**0,0036**

Tabelle 16. Angriffsversuche mit verschiedenen Wässern. (Siehe Tabelle 7 und 8 und Abb. 15.)

Temperatur: Zimmerwärme[1]). Flüssigkeit in Ruhe. Versuchsdauer: 30 Tage.

Nr.	Art des Wassers	Eisen Einzelwerte	Eisen Mittel	Messing Einzelwerte	Messing Mittel	Rotguß Einzelwerte	Rotguß Mittel
0	destilliertes Wasser	0,1790 0,1759	**0,1775**	—	—	—	—
83	Saalewasser (ungereinigt)	0,1126 0,1233	**[0,1180]**[2])	0,0036 0,0038	**0,0037**	0,0023 0,0022	**0,0023**
84	Saalewasser mit Kalk-Soda gereinigt	0,1919 0,1867	**0,1893**	0,0049 0,0045	**0,0047**	0,0027 0,0027	**0,0027**
85	Saalewasser mit Natronl.-Soda gereinigt	0,2057 0,2022	**0,2040**	0,0030 0,0031	**0,0031**	0,0032 0,0035	**0,0034**

[1]) Die durchschnittliche Zimmertemperatur betrug etwa 18° (Juli 1923).

[2]) Auf den Blechen hatten sich harte, kalkhaltige Ablagerungen gebildet, die sich nur schwer entfernen ließen. Der Wert ist daher in Klammern gesetzt.

Tabelle 16 (Fortsetzung). Angriffsversuche mit verschiedenen Wässern.

Nr. der Lösung	Art des Wassers	Eisen Gewichtsabnahme Einzelwerte g	Eisen Mittel g	Messing Gewichtsabnahme Einzelwerte g	Messing Mittel g	Rotguß Gewichtsabnahme Einzelwerte g	Rotguß Mittel g
86	Luppewasser (ungereinigt)	0,1611 0,1644	**0,1628**	0,0018 0,0020	**0,0019**	0,0007 0,0004	**0,0006**
87	Luppewasser mit Kalk-Soda gereinigt	0,1679 0,1636	**0,1658**	0,0029 0,0028	**0,0029**	0,0018 0,0015	**0,0017**
88	Luppew. mit Natronlauge-Soda gereinigt	0,2058 0,2273	**0,2166**	0,0011 0,0009	**0,0010**	0,0004 0,0004	**0,0004**

Tabelle 17. Angriffsversuche mit Magnesiumchloridlösungen. (Siehe Tabelle 2 und Abb. 18.)

Flüssigkeit bewegt.

Temperatur: Zimmerwärme[1]). Versuchsdauer: 30 Tage.

Nr.	$MgCl_2$ g im Liter	Eisen Einzelwerte	Eisen Mittel	Messing Einzelwerte	Messing Mittel	Rotguß Einzelwerte	Rotguß Mittel
0	0	0,2810 0,2923	**0,2867**	0,0023 0,0026	**0,0025**	0,0058 0,0075	**0,0067**
1	0,068	0,5090 0,4933	**0,5012**	0,0033 0,0036	**0,0035**	0,0128 0,0115	**0,0122**
2	0,100	0,4970 0,5020	**0,4995**	0,0036 0,0023	**0,0030**	0,0120 0,0135	**0,0128**
3	0,300	0,5291 0,5326	**0,5309**	0,0055 0,0050	**0,0053**	0,0118 0,0134	**0,0126**
4	0,500	0,5517 0,6700	**0,6109**	0,0065 0,0061	**0,0063**	0,0125 0,0070	**0,0098**
5	0,700	0,5116 0,4382	**0,4749**	0,0083 0,0079	**0,0081**	0,0037 0,0086	**0,0062**
6	0,900	0,4748 0,4701	**0,4725**	0,0079 0,0085	**0,0082**	0,0125 0,0120	**0,0123**
7	1,100	0,4385 0,4344	**0,4365**	0,0082 0,0081	**0,0082**	0,0104 0,0076	**0,0090**
8	1,300	0,4296 0,4738	**0,4518**	0,0075 0,0084	**0,0080**	0,0089 0,0105	**0,0097**
9	1,500	0,4581 0,5202	**0,4892**	0,0094 0,0090	**0,0092**	0,0086 0,0068	**0,0077**
10	1,700	0,3449 0,3619	**0,3534**	0,0096 0,0108	**0,0102**	0,0099 0,0092	**0,0096**
11	1,900	0,3972 0,4278	**0,4125**	0,0081 0,0086	**0,0084**	0,0099 0,0082	**0,0091**

Tabelle 18. Angriffsversuche mit Natriumchloridlösungen. (Siehe Tabelle 2 und Abb. 19.)

Flüssigkeit bewegt.

Temperatur: Zimmerwärme[2]). Versuchsdauer: 30 Tage.

Nr.	NaCl	Eisen Einzelwerte	Eisen Mittel	Messing Einzelwerte	Messing Mittel	Rotguß Einzelwerte	Rotguß Mittel
0	0	0,3817 0,3799	**0,3808**	0,0073 0,0067	**0,0070**	0,0147 0,0171	**0,0159**
12	0,068	0,5360 0,6742	**0,6051**	0,0048 0,0066	**0,0057**	0,0189 0,0170	**0,0180**

[1]) Wie bei Tabelle 9. [2]) Wie Tabelle bei 10.

Tabelle 18 (Fortsetzung). Angriffsversuche mit Natriumchloridlösungen.

Nr. der Lösung	NaCl g im Liter	Eisen Gewichtsabnahme Einzelwerte g	Eisen Gewichtsabnahme Mittel g	Messing Gewichtsabnahme Einzelwerte g	Messing Gewichtsabnahme Mittel g	Rotguß Gewichtsabnahme Einzelwerte g	Rotguß Gewichtsabnahme Mittel g
13	0,100	0,5978 0,6472	**0,6225**	0,0062 0,0053	**0,0058**	0,0138 0,0138	**0,0138**
14	0,300	0,5979 0,6226	**0,6103**	0,0067 0,0065	**0,0066**	0,0161 0,0188	**0,0175**
15	0,500	0,5758 0,6857	**0,6308**	0,0074 0,0072	**0,0073**	0,0213 0,0225	**0,0219**
16	0,700	0,6859 0,6500	**0,6680**	0,0095 0,0084	**0,0090**	0,0124 0,0094	**0,0109**
17	0,900	0,6284 0,6406	**0,6345**	0,0099 0,0106	**0,0103**	0,0147 0,0084	**0,0116**
18	1,100	0,7812 0,8140	**0,7976**	0,0044 0,0090	**0,0067**	0,0125 0,0137	**0,0131**
19	1,300	0,6780 0,7575	**0,7178**	0,0147 0,0117	**0,0132**	0,0237 0,0250	**0,0244**
20	1,500	0,8246 0,8205	**0,8226**	0,0113 0,0102	**0,0108**	0,0134 0,0099	**0,0117**
21	1,700	0,6623 0,6144	**0,6384**	0,0110 0,0100	**0,0105**	0,0133 0,0093	**0,0113**
22	1,900	0,6725 0,6750	**0,6738**	0,0118 0,0104	**0,0111**	0,0098 0,0078	**0,0088**

Tabelle 19. Angriffsversuche mit Magnesiumsulfatlösungen. (Siehe Tabelle 2 und Abb. 20.)

Flüssigkeit bewegt.

Temperatur: Zimmerwärme[1]). Versuchsdauer: 30 Tage.

Nr.	$MgSO_4$	Eisen Einzelwerte	Eisen Mittel	Messing Einzelwerte	Messing Mittel	Rotguß Einzelwerte	Rotguß Mittel
0	0	0,3196 0,3049	**0,3122**	0,0058 0,0065	**0,0062**	0,0086 0,0080	**0,0083**
23	0,0859	0,8405 0,6670	**0,7538**	0,0050 0,0058	**0,0054**	0,0078 0,0087	**0,0083**
24	0,1263	0,5414 0,5392	**0,5403**	0,0054 0,0041	**0,0048**	0,0074 0,0073	**0,0074**
25	0,3801	0,5344 0,5878	**0,5611**	0,0073 0,0041	**0,0057**	0,0097 0,0080	**0,0089**
26	0,6302	0,4796 0,4944	**0,4870**	0,0070 0,0057	**0,0064**	0,0078 0,0070	**0,0074**
27	0,8853	0,4398 0,4135	**0,4267**	0,0055 0,0058	**0,0057**	0,0062 0,0068	**0,0065**
28	1,1355	0,4607 0,4066	**0,4337**	0,0056 0,0056	**0,0056**	0,0076 0,0068	**0,0072**
29	1,3915	0,4045 0,3507	**0,3776**	0,0096 0,0095	**0,0096**	0,0045 0,0044	**0,0045**
30	1,6426	0,4210 0,3340	**0,3775**	0,0051 0,0058	**0,0055**	0,0071 0,0066	**0,0069**
31	1,8957	0,3828 0,3864	**0,3846**	0,0068 0,0061	**0,0065**	0,0052 0,0052	**0,0052**

[1]) Wie bei Tabelle 11.

Tabelle 19 (Fortsetzung). Angriffsversuche mit Magnesiumsulfatlösungen.

Nr. der Lösung	$MgSO_4$ g im Liter	Eisen Gewichtsabnahme Einzelwerte g	Mittel g	Messing Gewichtsabnahme Einzelwerte g	Mittel g	Rotguß Gewichtsabnahme Einzelwerte g	Mittel g
32	2,1480	0,4569 0,4328	**0,4449**	0,0063 0,0064	**0,0064**	0,0052 0,0052	**0,0052**
33	2,4010	0,3419 0,2987	**0,3203**	0,0070 0,0064	**0,0067**	0,0055 0,0045	**0,0050**

Tabelle 20. Angriffsversuche mit Natriumsulfatlösungen. (Siehe Tabelle 2 und Abb. 21.) Flüssigkeit bewegt.

Temperatur: Zimmerwärme[1]). Versuchsdauer: 30 Tage.

Nr. der Lösung	Na_2SO_4	Eisen Einzelwerte g	Mittel g	Messing Einzelwerte g	Mittel g	Rotguß Einzelwerte g	Mittel g
0	0	0,2622 0,2895	**0,2759**	0,0055 0,0111	**0,0083**	0,0105 0,0101	**0,0103**
34	0,0824	0,3482 0,3729	**0,3606**	0,0093 0,0072	**0,0083**	0,0094 0,0103	**0,0099**
35	0,1213	0,7086 0,7556	**0,7321**	0,0082 0,0061	**0,0072**	0,0096 0,0105	**0,0101**
36	0,3643	0,5709 0,7490	**0,6600**	0,0061 0,0062	**0,0062**	0,0052 0,0038	**0,0045**
37	0,6081	0,4846 0,4580	**0,4713**	0,0057 0,0037	**0,0047**	0,0114 0,0129	**0,0122**
38	0,8489	0,6096 0,5191	**0,5644**	0,0048 0,0059	**0,0054**	0,0078 0,0095	**0,0087**
39	1,0928	0,5607 0,5102	**0,5355**	0,0078 0,0087	**0,0083**	0,0081 0,0089	**0,0085**
40	1,3336	0,5554 1,0591	**0,8073**	0,0068 0,0074	**0,0071**	0,0038 0,0049	**0,0044**
41	1,5775	0,6685 0,5576	**0,6131**	0,0077 0,0062	**0,0070**	0,0094 0,0092	**0,0093**
42	1,8213	0,6405 0,5449	**0,5927**	0,0036 0,0058	**0,0047**	0,0165 0,0152	**0,0159**
43	2,0621	0,6618 0,6494	**0,6556**	0,0074 0,0062	**0,0068**	0,0097 0,0095	**0,0096**
44	2,3060	0,5835 0,6306	**0,6071**	0,0023 0,0034	**0,0029**	0,0146 0,0143	**0,0145**

Tabelle 21. Angriffsversuche mit Calciumchloridlösungen. (Siehe Tabelle 3 und Abb. 22.) Flüssigkeit bewegt.

Temperatur: Zimmerwärme[2]). Versuchsdauer: 30 Tage.

Nr. der Lösung	$CaCl_2$	Eisen Einzelwerte g	Mittel g	Messing Einzelwerte g	Mittel g	Rotguß Einzelwerte g	Mittel g
0	0	0,4139 0,4532	**0,4336**	0,0024 0,0030	**0,0027**	0,0092 0,0099	**0,0096**
45	0,350	0,7603 1,0259	**0,8931**	0,0058 0,0062	**0,0060**	0,0013 0,0053	**0,0033**
46	1,050	0,8346 0,8651	**0,8499**	0,0090 0,0048	**0,0069**	0,0059 0,0129	**0,0094**
47	1,748	0,9189 0,8848	**0,9019**	0,0144 0,0175	**0,0160**	0,0055 0,0052	**0,0054**

[1]) Wie bei Tabelle 12. [2]) Wie bei Tabelle 13.

Tabelle 22. Angriffsversuche mit Kaliendlauge. (Siehe Tabelle 5 und Abb. 23.)

Temperatur: Zimmerwärme[1]). Flüssigkeit bewegt. Versuchsdauer: 30 Tage.

Nr. der Lösung	Kaliendlauge ccm im Liter	Eisen Gewichtsabnahme Einzelwerte g	Eisen Gewichtsabnahme Mittel g	Messing Gewichtsabnahme Einzelwerte g	Messing Gewichtsabnahme Mittel g	Rotguß Gewichtsabnahme Einzelwerte g	Rotguß Gewichtsabnahme Mittel g
0	0	0,3714 0,3844	**0,3779**	0,0025 0,0021	**0,0023**	0,0004 0,0002	**0,0003**
48	0,1744	0,5121 0,4955	**0,5038**	0,0062 0,0062	**0,0062**	0,0132 0,0159	**0,0146**
49	0,2564	0,5912 0,5364	**0,5638**	0,0032 0,0023	**0,0028**	0,0058 0,0021	**0,0040**
50	0,7692	0,5715 0,5090	**0,5403**	0,0038 0,0032	**0,0035**	0,0035 [+0,0004]	**0,0035**
51	1,2820	0,5072 0,5505	**0,5289**	0,0061 0,0054	**0,0058**	0,0026 0,0011	**0,0019**
52	1,7948	0,4296 0,4288	**0,4292**	0,0059 0,0056	**0,0058**	0,0010 0,0050	**0,0030**
53	2,3076	0,4643 0,4766	**0,4705**	0,0106 0,0112	**0,0109**	0,0075 0,0110	**0,0093**
54	2,8204	0,4007 0,4509	**0,4258**	0,0097 0,0105	**0,0101**	0,0088 0,0051	**0,0070**
55	3,3332	0,4183 0,4402	**0,4293**	0,0058 0,0057	**0,0058**	0,0047 0,0041	**0,0044**
56	3,8460	0,4353 0,4295	**0,4324**	0,0137 0,0141	**0,0139**	0,0034 0,0058	**0,0046**
57	4,3588	0,4419 0,3909	**0,4164**	0,0139 0,0144	**0,0142**	0,0077 0,0079	**0,0078**
58	4,8716	0,3844 0,3684	**0,3764**	0,0159 0,0157	**0,0158**	0,0037 0,0087	**0,0062**

Tabelle 23. Angriffsversuche mit Salzgemischen. (Siehe Tabelle 6 und Abb. 24 bis 29.)

Temperatur: Zimmerwärme[2]). Flüssigkeit bewegt. Versuchsdauer: 30 Tage.

Nr. der Lösung	Salze g im Liter	Eisen Einzelwerte g	Eisen Mittel g	Messing Einzelwerte g	Messing Mittel g	Rotguß Einzelwerte g	Rotguß Mittel g
0	0	0,5890 0,5458	**0,5674**	—	—	—	—
59	0,100 NaCl 0,1213 Na_2SO_4	0,6639 0,6790	**0,6715**	0,0062 0,0066	**0,0064**	0,0037 0,0033	**0,0035**
60	0,100 NaCl 1,8213 Na_2SO_4	0,8413 0,7366	**0,7890**	0,0060 0,0059	**0,0060**	0,0043 0,0041	**0,0042**
61	1,500 NaCl 0,1213 Na_2SO_4	0,7968 0,8884	**0,8426**	0,0065 0,0052	**0,0059**	0,0069 0,0065	**0,0067**
62	1,500 NaCl 1,8213 Na_2SO_4	0,6091 0,7754	**0,6923**	0,0106 0,0099	**0,0103**	0,0075 0,0068	**0,0072**

[1]) Wie Tabelle 14. [2]) Wie bei Tabelle 15.

Tabelle 23 (Fortsetzung). Angriffsversuche mit Salzgemischen.

Nr. der Lösung	Salze g im Liter	Eisen Gewichtsabnahme Einzelwerte g	Eisen Gewichtsabnahme Mittel g	Messing Gewichtsabnahme Einzelwerte g	Messing Gewichtsabnahme Mittel g	Rotguß Gewichtsabnahme Einzelwerte g	Rotguß Gewichtsabnahme Mittel g
63	0,100 NaCl 0,100 $MgCl_2$	0,6346 0,7544	**0,6945**	0,0041 0,0044	**0,0043**	0,0054 0,0070	**0,0062**
64	0,100 NaCl 1,500 $MgCl_2$	0,4798 0,6076	**0,5437**	0,0079 0,0080	**0,0080**	0,0089 0,0056	**0,0073**
65	1,500 NaCl 0,100 $MgCl_2$	0,7594 0,7420	**0,7507**	0,0106 0,0096	**0,0101**	0,0109 0,0128	**0,0119**
66	1,500 NaCl 1,500 $MgCl_2$	0,4644 0,5160	**0,4902**	0,0077 0,0121	**0,0099**	0,0114 0,0084	**0,0099**
67	0,100 NaCl 0,1263 $MgSO_4$	0,6401 0,6518	**0,6460**	0,0062 0,0061	**0,0062**	0,0044 0,0043	**0,0044**
68	0,100 NaCl 1,8957 $MgSO_4$	0,3488 0,4232	**0,3860**	0,0041 0,0040	**0,0041**	0,0038 0,0036	**0,0037**
69	1,500 NaCl 0,1263 $MgSO_4$	0,3881 0,4202	**0,4042**	0,0156 0,0145	**0,0151**	0,0127 0,0105	**0,0116**
70	1,500 NaCl 1,8957 $MgSO_4$	0,2386 0,2234	**0,2310**	0,0080 0,0079	**0,0080**	0,0028 0,0037	**0,0033**
71	0,1213 Na_2SO_4 0,100 $MgCl_2$	0,5595 0,6057	**0,5826**	0,0050 0,0049	**0,0050**	0,0032 0,0034	**0,0033**
72	0,1213 Na_2SO_4 1,500 $MgCl_2$	0,5779 0,4374	**0,5027**	0,0137 0,0140	**0,0139**	0,0076 0,0084	**0,0080**
73	1,8213 Na_2SO_4 0,100 $MgCl_2$	0,3818 0,3511	**0,3665**	0,0090 0,0093	**0,0092**	0,0120 0,0124	**0,0122**
74	1,8213 Na_2SO_4 1,500 $MgCl_2$	0,4362 0,4454	**0,4408**	0,0152 0,0120	**0,0136**	0,0105 0,0073	**0,0089**
75	0,1213 Na_2SO_4 0,1263 $MgSO_4$	0,5862 0,5664	**0,5763**	0,0070 0,0073	**0,0072**	0,0072 0,0068	**0,0070**
76	0,1213 Na_2SO_4 1,8957 $MgSO_4$	0,3685 0,4061	**0,3873**	0,0055 0,0065	**0,0060**	0,0128 0,0134	**0,0131**
77	1,8213 Na_2SO_4 0,1263 $MgSO_4$	0,4246 0,4485	**0,4366**	0,0050 0,0048	**0,0049**	0,0170 0,0163	**0,0167**
78	1,8213 Na_2SO_4 1,8957 $MgSO_4$	0,3129 0,2806	**0,2968**	0,0029 0,0050	**0,0040**	0,0142 0,0157	**0,0150**
79	0,100 $MgCl_2$ 0,1263 $MgSO_4$	0,6096 0,4878	**0,5487**	0,0043 0,0045	**0,0044**	0,0059 0,0060	**0,0060**
80	0,100 $MgCl_2$ 1,8957 $MgSO_4$	0,3936 0,4022	**0,3979**	0,0048 0,0026	**0 0037**	0,0062 0,0069	**0,0066**
81	1,500 $MgCl_2$ 0,1263 $MgSO_4$	0,4355 0,5526	**0,4941**	0,0170 0,0144	**0,0157**	0,0070 0,0066	**0,0068**
82	1,500 $MgCl_2$ 1,8957 $MgSO_4$	0,4004 0,3720	**0,3862**	0,0170 0,0141	**0,0156**	0,0046 0,0056	**0,0051**

Tabelle 24. Angriffsversuche mit verschiedenen Wässern. (Siehe Tabelle 7 und 8 und Abb. 30.)

Flüssigkeit bewegt.

Temperatur: Zimmerwärme[1]). Versuchsdauer: 30 Tage.

Nr. der Lösung	Art des Wassers	Eisen Gewichtsabnahme		Messing Gewichtsabnahme		Rotguß Gewichtsabnahme	
		Einzelwerte g	Mittel g	Einzelwerte g	Mittel g	Einzelwerte g	Mittel g
0	Destilliertes Wasser	0,4060 0,3876	**0,3968**	—	—	—	—
83	Saalewasser (ungereinigt)	0,1761 0,1634	[**0,1698**][2])	0,0029 0,0031	**0,0030**	0,0024 0,0024	**0,0024**
84	Saalewasser mit Kalk-Soda gereinigt	0,7276 0,6562	**0,6919**	0,0086 0,0084	**0,0085**	0,0046 0,0041	**0,0044**
85	Saalewasser mit Natronlauge-Soda gereinigt .	0,5630 0,5268	**0,5449**	0,0052 0,0052	**0,0052**	0,0045 0,0044	**0,0045**
86	Luppewasser (ungereinigt)	0,2561 0,2806	**0,2684**	0,0033 0,0031	**0,0032**	0,0007 0,0011	**0,0009**
87	Luppewasser mit Kalk-Soda gereinigt . . .	0,4827 0,5225	**0,5026**	0,0049 0,0044	**0,0047**	0,0026 0,0026	**0,0026**
88	Luppewasser mit Natronlauge-Soda gereinigt	0,4767 0,4260	**0,4514**	0,0021 0,0022	**0,0022**	0,0010 0,0008	**0,0009**

[1]) Wie bei Tabelle 16.

[2]) Auf den Blechen hatten sich harte kalkhaltige Ablagerungen gebildet, die sich nur schwer entfernen ließen. Der Wert ist daher in Klammern gesetzt.

Tabelle 25. Angriffsversuche mit Magnesiumchloridlösun

Dampfdruck: 16 A

Kessel II (25 l Salzlösung)

Nr. der Lösung	$MgCl_2$ im Liter g	Eisen Gewichtsabnahme Einzelwerte g	Mittel g	Messing Gewichtsabnahme Einzelwerte g	Mittel g	Rotguß Gewichtsabnahme Einzelwerte g	Mittel g	Dest. Wasser nachgespeist Liter	Sauerstoffgehalt im Kessel zu Beginn mg O_2/Liter	am End mg O_2/Li
		0,0251		0,0064		0,0051				
1	0,068	0,0516	**0,0408**	0,0055	**0,0057**	0,0070	**0,0050**	25	nicht bestimmt	nicht bestimm
		0,0458		0,0053		0,0029				
		0,0158		0,0048		0,0109				
2	0,100	0,0151	**0,0182**	0,0068	**0,0062**	0,0088	**0,0090**	27	9,6	0,4
		0,0236		0,0070		0,0074				
		0,0503		0,0126		0,0106				
3	0,300	0,0518	**0,0500**	0,0117	**0,0125**	0,0064	**0,0091**	40	nicht bestimmt	nicht bestimm
		0,0478		0,0132		0,0102				
		0,0754		0,0037		0,0076				
4	0,500	0,0537	**0,0610**	0,0020	**0,0032**	0,0110	**0,0084**	17	9,3	1,1
		0,0540		0,0038		0,0066				
		0,0346		0,0028	Mittel	0,0080				
5	0,700	0,0780	**0,0550**	+ 0,0015	nicht	0,0080	**0,0081**	22	9,3	2,1
		0,0524		+ 0,0002	gebildet[1])	0,0084				
		0,0500		0,0067		0,0058				
		0,0641		0,0063		0,0095		42	8,8	0,2
6	0,900	0,0458	**0,0729**	0,0071	**0,0050**	0,0061	**0,0104**			
		0,0844		0,0041		0,0139				
		0,0524		0,0018		0,0137		29,5	8,3	0,6
		0,1405		0,0040		0,0136				
		0,0656		0,0048		0,0096				
7	1,100	0,0863	**0,0704**	0,0004	**0,0032**	0,0070	**0,0088**	16	9,0	0,5
		0,0593		0,0044		0,0098				
		0,0992		0,0040		0,0085				
8	1,300	0,1000	**0,0869**	0,0013	**0,0024**	0,0047	**0,0077**	18	9,0	0,8
		0,0615		0,0020		0,0100				
		0,0506		0,0029		0,0124				
9	1,500	0,0561	**0,0521**[2])	0,0011	**0,0026**	0,0112	**0,0124**	17	8,3	0,4
		0,0497		0,0037		0,0136				
		0,0693		0,0056		0,0002				
10	1,700	0,0472	**0,0517**	0,0056	**0,0051**	0,0029	**0,0025**	23	8,6	0,1
		0,0385		0,0041		0,0043				
		0,0430		0,0032		0,0062				
11	1,900	0,0355	**0,0440**	0,0009	**0,0020**	0,0062	**0,0066**	10	7,6	1,6
		0,0536		0,0018		0,0074				

[1]) Einzelne Plättchen wiesen Gewichtsabnahmen, andere wieder Gewichtszunahmen auf. Von einer Mit

[2]) Ein nachträglich durchgeführter Kontrollversuch ergab den Wert 0,0501.

im Dampfkessel. (Siehe Tabelle 2 und Abb. 35.)

Versuchsdauer: 144 Stunden.

Kessel I (25 l destilliertes Wasser)

Versuchsflüssigkeit	Eisen Gewichtsabnahme		Messing Gewichtsveränderung		Rotguß Gewichtsabnahme		Dest. Wasser nachgespeist	Sauerstoffgehalt im Kessel		Nr. der Lösung
	Einzelwerte g	Mittel g	Einzelwerte g	Mittel g	Einzelwerte g	Gesamt-Mittel g	Liter	zu Beginn mg O_2/Liter	am Ende mg O_2/Liter	
Destilliertes Wasser.	0,0056 0,0055 0,0057	0,0054	0,0154 0,0148 0,0123	Mittel nicht gebildet[1]).	0,0159 0,0118 0,0145	0,0084	28	nicht bestimmt	nicht bestimmt	1
	0,0041 0,0040 0,0040		+ 0,0011 + 0,0010 0,0000		0,0096 0,0099 0,0110		27	9,3	0,6	2
	0,0038 0,0055 0,0035		0,0203 0,0236 0,0204		0,0109 0,0118 0,0124		39,5	nicht bestimmt	nicht bestimmt	3
	0,0028 0,0030 0,0031		0,0010 + 0,0005 0,0006		0,0063 0,0079 0,0031		17	9,6	1,9	4
	0,0068 0,0090 0,0099		+ 0,0043 + 0,0056 + 0,0056		0,0122 0,0128 0,0118		23	8,6	2,0	5
	0,0108 0,0090 0,0100		0,0044 0,0048 0,0045		0,0013 0,0015 0,0037		42	8,8	0,4	6
	0,0046 0,0045 0,0053		+ 0,0044 + 0,0025 + 0,0030		0,0064 0,0025 0,0053		29,5	9,3	1,0	
	0,0033 0,0043 0,0051		+ 0,0079 + 0,0083 + 0,0073		0,0044 0,0067 0,0073		16	9,2	1,0	7
	0,0038 0,0039 0,0036		+ 0,0051 + 0,0064 + 0,0052		0,0088 0,0062 0,0047		18	9,4	1,0	8
	0,0054 0,0049 0,0046		+ 0,0068 + 0,0082 + 0,0071		0,0089 0,0088 0,0089		17	9,2	1,1	9
	0,0031 0,0075 0,0020		0,0020 0,0021 0,0021		0,0048 0,0045 0,0062		26	9,0	0,1	10
	0,0060 0,0078 0,0075		0,0010 0,0010 0,0013		0,0122 0,0140 0,0132		10	8,7	2,2	11

bildung wurde daher abgesehen.

Tabelle 27. Angriffsversuche mit Natriumchloridlösungen

Dampfdruck: 16 Atm.

Kessel II (25 Liter Salzlösung)

Nr. der Lösung	NaCl im Liter g	Eisen Gewichtsabnahme Einzelwerte g	Eisen Mittel g	Messing Gewichtsabnahme Einzelwerte g	Messing Mittel g	Rotguß Gewichtsabnahme Einzelwerte g	Rotguß Mittel g	Dest. Wasser nachgespeist Liter	Sauerstoffgehalt im Kessel zu Beginn mg O_2/Liter	Sauerstoffgehalt im Kessel am Ende mg O_2/Liter
12	0,068	0,0026 0,0052 0,0046	**0,0041**	0,0013 0,0032 0,0016	**0,0020**	0,0066 0,0013 0,0052	**0,0044**	11	10,8	1,3
13	0,100	0,0021 0,0018 0,0029	**0,0023**	+ 0,0008 + 0,0023 + 0,0018	+ **0,0016**	0,0074 0,0056 0,0069	**0,0066**	7 1/2	9,8	1,6
14	0,300	0,0013 0,0030 0,0014	**0,0019**	+ 0,0001 + 0,0023 0,0000	—[1])	0,0053 0,0049 0,0035	**0,0046**	4	9,5	1,5
15	0,500	0,0030 0,0014 0,0015	**0,0020**	0,0002 + 0,0019 0,0002	—[1])	0,0061 0,0048 0,0098	**0,0069**	7	8,4	1,6
16	0,700	0,0016 0,0016 0,0018	**0,0017**	+ 0,0020 + 0,0007 + 0,0036	+ **0,0023**	0,0064 0,0050 0,0049	**0,0054**	3	9,5	1,5
17	0,900	0,0035 0,0042 0,0041	**0,0039**	0,0006 + 0,0020 0,0012	—[1])	0,0070 0,0097 0,0094	**0,0087**	15	9,8	1,8
18	1,100	0,0025 0,0016 0,0016	**0,0019**	0,0000 + 0,0034 + 0,0031	—[1])	0,0028 0,0056 0,0032	**0,0039**	15	7,5	1,0
19	1,300	0,0017 0,0018 0,0021	**0,0019**	+ 0,0020 + 0,0016 + 0,0022	+ **0,0019**	0,0045 0,0038 0,0027	**0,0037**	15	8,0	1,6
20	1,500	0,0033 0,0020 0,0021	**0,0025**	+ 0,0033 + 0,0044 + 0,0024	+ **0,0034**	0,0064 0,0043 0,0064	**0,0057**	15	10,0	1,0
21	1,700	0,0023 0,0023 0,0025	**0,0024**	0,0013 + 0,0012 0,0020	—[1])	0,0105 0,0094 0,0090	**0,0096**	15	10,0	0,9
22	1,900	0,0025 0,0022 0,0028	**0,0025**	+ 0,0011 + 0,0027 0,0000	—[1])	0,0050 0,0103 0,0050	**0,0068**	15	8,9	1,0

[1]) Einzelne Plättchen wiesen Gewichtsabnahmen, andere wieder Gewichtszunahme auf. Von der Mittel

Dampfkessel. (Siehe Tabelle 2 und Abb. 36.)
uchsdauer: 144 Stunden.

Kessel I (25 Liter destiliertes Wasser)									
Eisen Gewichtsabnahme		Messing Gewichtszunahme		Rotguß Gewichtsabnahme		Dest. Wasser nachgespeist	Sauerstoffgehalt im Kessel		Nr. der Lösung
Einzelwerte g	Gesamt-Mittel g	Einzelwerte g	Gesamt-Mittel g	Einzelwerte g	Mittel g	Liter	zu Beginn mg O_2/Liter	am Ende mg O_2/Liter	
0,0030		+ 0,0051		—					
0,0020		+ 0,0071		0,0057		11	10,7	2,1	12
0,0019		+ 0,0055		0,0046					
0,0035		+ 0,0045		0,0085					
0,0036		+ 0,0022		0,0088		$7^1/_2$	9,5	1,4	13
0,0048		+ 0,0039		0,0092					
0,0020		+ 0,0017		0,0015					
0,0012		+ 0,0023		0,0021		4	9,6	1,1	14
0,0022		+ 0,0028		0,0026					
0,0051				0,0027					
0,0043		—[1])		0,0006		7	9,4	1,7	15
0,0036				0,0056					
0,0020		+ 0,0030		—					
0,0028		+ 0,0034		0,0008		3	9,5	1,0	16
0,0020		+ 0,0022		0,0017					
0,0010		+ 0,0007		0,0046					
0,0012	0,0030	+ 0,0028	+ 0,0032	0,0057	0,0057	15	9,2	1,0	17
0,0016		+ 0,0006		0,0055					
0,0055				0,0100					
0,0054		—[1])		0,0091		15	8,5	1,0	18
0,0040				0,0095					
0,0031		+ 0,0027		0,0052					
0,0039		+ 0,0030		0,0051		15	8,2	1,7	19
0,0040		+ 0,0017		0,0045					
0,0024		+ 0,0059		0,0049					
0,0024		+ 0,0034		0,0050		15	9,7	1,2	20
0,0024		+ 0,0052		0,0071					
0,0043		+ 0,0018		0,0100					
0,0038		+ 0,0056		0,0081		15	10,8	1,2	21
0,0031		+ 0,0032		0,0103					
0,0027		+ 0,0026		0,0042					
0,0017		+ 0,0027		0,0068		15	9,0	0,7	22
0,0020		+ 0,0013		0,0065					

ng wurde abgesehen.

Tabelle 26 befindet sich auf Seite 62.

Tabelle 28. Angriffsversuche mit Magnesiumsulfatlösung

Dampfdruck: 16 A

Kessel II (25 l Salzlösung)

Nr. der Lösung	$MgSO_4$ im Liter g	Eisen Gewichtsabnahme Einzelwerte g	Eisen Mittel g	Messing Gewichtsabnahme Einzelwerte g	Messing Mittel g	Rotguß Gewichtsabnahme Einzelwerte g	Rotguß Mittel g	Dest. Wasser nachgespeist Liter	Sauerstoffgehalt im Kessel zu Beginn mg O_2/Liter	Sauerstoffgehalt im Kessel am Ende mg O_2/Lit
		0,0032		0,0071		0,0042				
23	0,0859	0,0025	**0,0025**	0,0089	**0,0080**	0,0040	**0,0037**	15	6,9	1,0
		0,0018		0,0079		0,0028				
		0,0159		0,0081		0,0072				
24	0,1263	0,0197	**0,0174**	0,0066	**0,0078**	0,0083	**0,0075**	15	7,8	0,3
		0,0167		0,0087		0,0071				
		0,0122		0,0049		0,0052				
25	0,3801	0,0181	**0,0157**	0,0029	**0,0040**	0,0052	**0,0052**	15	8,1	0,8
		0,0169		0,0040		0,0051				
		0,0640		0,0048		—				
26	0,6302	0,0578	**0,0635**	0,0053	**0,0056**	0,0036	**0,0037**	15	7,3	0,5
		0,0687		0,0068		0,0038				
		0,0535		0,0093		0,0060				
27	0,8853	0,0650	**0,0586**	0,0091	**0,0095**	0,0066	**0,0063**	16	8,6	0,0
		0,0574		0,0100		0,0063				
		0,0996		0,0092		0,0056				
28	1,1355	0,1073	**0,1023**	0,0114	**0,0106**	0,0084	**0,0062**	15	7,6	0,8
		0,0999		0,0112		0,0047				
		0,1116		0,0073		0,0000				
29	1,3915	0,0907	**0,0979**	0,0066	**0,0067**	0,0037	[1]	15	7,7	0,8
		0,0915		0,0062		0,0001				
		0,0760		0,0043		0,0027				
30	1,6426	0,0716	**0,0723**	0,0040	**0,0049**	0,0034	**0,0029**	15	7,8	0,9
		0,0692		0,0063		0,0027				
		0,0911		0,0086		0,0052				
31	1,8957	0,0870	**0,0870**	0,0083	**0,0086**	0,0023	**0,0037**	15	7,8	0,8
		0,0828		0,0089		0,0036				
		0,1315		0,0079		0,0047				
32	2,1480	0,1202	**0,1277**	0,0079	**0,0076**	0,0044	**0,0045**	15	8,8	1,0
		0,1314		0,0070		0,0045				
		0,1014		0,0073		0,0032				
33	2,4010	0,0809	**0,0933**	0,0050	**0,0067**	0,0012	**0,0022**	15	6,8	1,2
		0,0975		0,0078		0,0021				

[1]) Zwei Probeplättchen waren mit einer Oxydhaut überzogen, die sich nur schwer entfernen ließ. Von

m Dampfkessel. (Siehe Tabelle 2 und Abb. 37.)
/ersuchsdauer: 144 Stunden.

Kessel I (25 l destilliertes Wasser)

Ver-suchs-'lüssig-keit	Eisen Gewichtsabnahme		Messing Gewichtszunahme		Rotguß Gewichtsabnahme		Dest. Wasser nach-gespeist	Sauerstoffgehalt im Kessel		Nr. der Lösung
	Einzelwerte g	Gesamt-Mittel g	Einzelwerte g	Gesamt-Mittel g	Einzelwerte g	Gesamt-Mittel g	Liter	zu Beginn mg O_2/Liter	am Ende mg O_2/Liter	
Destilliertes Wasser	0,0031 0,0028 0,0031	0,0028	+ 0,0106 + 0,0078 + 0,0080	+ 0,0066	0,0080 0,0087 0,0078	0,0068	15	6,8	0,9	23
	0,0024 0,0032 0,0030		+ 0,0047 + 0,0051 + 0,0057		0,0068 0,0072 0,0072		15	8,9	0,5	24
	0,0023 0,0024 0,0022		+ 0,0049 + 0,0050 + 0,0051		0,0054 0,0078 0,0081		15	7,6	1,0	25
	0,0026 0,0028 0,0033		+ 0,0090 + 0,0061 + 0,0081		0,0080 0,0055 0,0077		15	8,9	0,1	26
	0,0029 0,0034 0,0033		+ 0,0056 + 0,0049 + 0,0059		0,0092 0,0089 0,0088		16	8,6	0,3	27
	0,0020 0,0027 0,0022		+ 0,0072 + 0,0050 + 0,0073		0,0068 0,0057 0,0062		15	7,5	1,0	28
	0,0032 0,0030 0,0036		+ 0,0067 + 0,0080 + 0,0077		0,0080 0,0062 0,0070		15	9,8	1,0	29
	0,0031 0,0028 0,0027		+ 0,0077 + 0,0082 + 0,0077		0,0044 0,0046 0,0055		15	8,4	1,0	30
	0,0028 0,0020 0,0026		+ 0,0036 + 0,0034 + 0,0060		0,0063 0,0067 0,0067		15	8,2	1,0	31
	0,0029 0,0029 0,0034		+ 0,0062 + 0,0055 + 0,0054		0,0075 0,0087 0,0071		15	8,7	0,7	32
	0,0024 0,0025 0,0024		+ 0,0113 + 0,0069 + 0,0090		0,0056 0,0047 0,0038		15	6,7	0,5	33

Iittelbildung wurde abgesehen.

Tabelle 29. Angriffsversuche mit Natriumsulfatlösungen

Dampfdruck: 16 Atm

Kessel II (25 l Salzlösung)

Nr. der Lösung	Na_2SO_4 im Liter g	Eisen Gewichtsabnahme Einzelwerte g	Eisen Mittel g	Messing Gewichtsabnahme Einzelwerte g	Messing Mittel g	Rotguß Gewichtsabnahme Einzelwerte g	Rotguß Mittel g	Dest. Wasser nachgespeist Liter	Sauerstoffgehalt im Kessel zu Beginn mg O_2/Liter	Sauerstoffgehalt im Kessel am Ende mg O_2/Liter
		0,0015		0,0074		0,0023				
34	0,0824	0,0019	**0,0018**	0,0056	**0,0066**	0,0062	**0,0048**	15	7,8	0,6
		0,0020		0,0068		0,0058				
		0,0020		0,0075		0,0010				
35	0,1213	0,0024	**0,0022**	0,0079	**0,0077**	0,0026	**0,0019**	15	8,2	1,0
		0,0023		0,0078		0,0021				
		0,0051		0,0044		0,0037				
36	0,3643	0,0095	**0,0071**	0,0037	**0,0035**	0,0009	**0,0025**	15	8,7	0,6
		0,0067		0,0024		0,0029				
		0,0061		0,0020		0,0028				
37	0,6081	0,0096	**0,0077**	0,0008	**0,0012**	0,0008	**0,0015**	15	9,7	0,4
		0,0073		0,0008		0,0010				
		0,0061		0,0066		0,0004				
38	0,8489	0,0054	**0,0056**	0,0003	**0,0028**	0,0019	**0,0012**	15	7,6	1,2
		0,0052		0,0016		0,0012				
		0,0044		0,0042		0,0030				
39	1,0928	0,0050	**0,0057**	0,0042	**0,0042**	0,0027	**0,0028**	15	7,5	0,9
		0,0078		0,0041		0,0028				
		0,0076		0,0027		0,0035				
40	1,3336	0,0064	**0,0072**	0,0022	**0,0020**	0,0030	**0,0025**	15	8,9	1,2
		0,0075		0,0010		0,0010				
		0,0040		0,0014		0,0012				
41	1,5775	0,0031	**0,0035**	0,0011	**0,0013**	0,0002	**0,0015**	15	8,3	0,8
		0,0034		0,0014		0,0020				
		0,0032		0,0042		0,0026				
42	1,8213	0,0035	**0,0033**	0,0041	**0,0042**	0,0016	**0,0026**	29	8,1	0,9
		0,0031		0,0043		0,0036				
		0,0065		0,0048		0,0032				
43	2,0621	0,0059	**0,0064**	0,0010	**0,0036**	0,0027	**0,0029**	31	8,3	0,6
		0,0069		0,0049		—				
		0,0057				0,0017				
44	2,3060	0,0050	**0,0051**	—[1]	—	0,0025	**0,0019**	15	8,7	1,0
		0,0047				0,0016				

Tabelle 30. Angriffsversuche mit Calciumchloridlösungen

Dampfdruck: 16 Atm.

Nr. der Lösung	$CaCl_2$ im Liter g	Eisen Einzelwerte g	Eisen Mittel g	Messing Gewichtszunahme Einzelwerte g	Messing Mittel g	Rotguß Einzelwerte g	Rotguß Mittel g	Dest. Wasser nachgespeist Liter	Sauerstoffgehalt zu Beginn mg O_2/Liter	Sauerstoffgehalt am Ende mg O_2/Liter
		0,0008		+ 0,0027		0,0077				
45a	0,675	0,0010	**0,0008**	+ 0,0032	+ **0,0030**	0,0044	**0,0061**	37	8,2	0,5
		0,0005		+ 0,0032		0,0063				
		0,0032		+ 0,0032		0,0100				
46a	1,455	0,0074	**0,0047**	+ 0,0014	+ **0,0024**	0,0086	**0,0099**	25	8,2	0,1
		0,0034		+ 0,0026		0,0110				
		0,0031		0,0000		0,0112				
47a	1,769	0,0029	**0,0030**	0,0000	+ **0,0004**	0,0076	**0,0089**	32	8,1	0,1
		0,0032		+ 0,0011		0,0079				

[1]) Die Probeplättchen waren herabgefallen.

Dampfkessel. (Siehe Tabelle 2 und Abb. 38.)
uchsdauer: 144 Stunden.

Kessel I (25 l destilliertes Wasser)

Eisen Gewichtsabnahme		Messing Gewichtszunahme		Rotguß Gewichtsabnahme		Dest. Wasser nachgespeist	Sauerstoffgehalt im Kessel		Nr. der Lösung
Einzelwert g	Gesamtmittel g	Einzelwert g	Gesamtmittel g	Einzelwert g	Gesamtmittel g	Liter	zu Beginn mgO_2/Liter	am Ende mgO_2/Liter	
0,0033		+ 0,0047		0,0065					
0,0026		+ 0,0046		0,0086		15	7,6	0,4	34
0,0028		+ 0,0069		0,0084					
0,0021		+ 0,0067		0,0049					
0,0019		+ 0,0041		0,0061		15	8,3	0,8	35
0,0019		+ 0,0052		0,0053					
0,0060		+ 0,0042		0,0084					
0,0076		+ 0,0021		0,0089		15	8,5	1,0	36
0,0075		+ 0,0029		0,0077					
0,0020		+ 0,0085		0,0038					
0,0018		+ 0,0053		0,0068		15	9,9	1,2	37
0,0019		+ 0,0085		0,0024					
0,0029		+ 0,0079		0,0050					
0,0030		+ 0,0081		0,0047		15	9,8	1,0	38
0,0032		+ 0,0087		0,0063					
0,0071		+ 0,0031		0,0101					
0,0075	0,0033	+ 0,0033	+ 0,0060	0,0105	0,0066	15	9,0	1,0	39
0,0075		+ 0,0028		0,0106					
0,0042		+ 0,0080		0,0042					
0,0046		+ 0,0070		0,0075		15	9,1	1,0	40
0,0037		+ 0,0079		0,0090					
0,0018		+ 0,0068		0,0030					
0,0017		+ 0,0066		0,0055		15	9,1	1,0	41
0,0018		+ 0,0074		0,0041					
0,0017		+ 0,0052		0,0045					
0,0016		+ 0,0044		0,0004		29	8,8	1,0	42
0,0020		+ 0,0047		0,0051					
0,0018		+ 0,0046		0,0054					
0,0019		+ 0,0047		0,0055		31	9,3	1,0	43
0,0022		+ 0,0050		0,0062					
0,0023		+ 0,0087		0,0046					
0,0025		+ 0,0094		0,0040		15	9,3	0,8	44
0,0023		+ 0,0087		0,0048					

Dampfkessel. (Siehe Tabelle 3 und Abb. 39.)
uchsdauer: 144 Stunden.

Eisen Einzelwert g	Eisen Gesamtmittel g	Messing Einzelwert g	Messing Gesamtmittel g	Rotguß Einzelwert g	Rotguß Gesamtmittel g	Dest. Wasser nachgespeist Liter	zu Beginn mgO_2/Liter	am Ende mgO_2/Liter	Nr. der Lösung
0,0015		+ 0,0027		0,0163					
0,0025		+ 0,0020		0,0238		37	8,6	0,3	45a
0,0020		+ 0,0021		0,0242					
0,0008		+ 0,0018		0,0088					
0,0016	0,0024	+ 0,0030	+ 0,0022	0,0082	0,0125	25	8,6	0,2	46a
0,0026		+ 0,0020		0,0120					
0,0030		+ 0,0034		0,0066					
0,0042		+ 0,0007		0,0064		32	8,6	0,2	47a
0,0035		+ 0,0024		0,0061					

Tabelle 31. Angriffsversuche mit Kaliendlau

Dampfdruck: 16 A

Kessel II (25 Liter Lauge)										
Nr. der Lösung	Kali-endlauge	Eisen Gewichtsabnahme		Messing Gewichtsabnahme		Rotguß Gewichtsabnahme		Dest. Wasser nach-gespeist	Sauerstoffgehalt im Kess	
	ccm im Liter	Einzelwerte g	Mittel g	Einzelwerte g	Mittel g	Einzelwerte g	Mittel g	Liter	zu Beginn mg O_2/Liter	am End mg O_2/Lit
48	0,1744	0,0153 0,0229 0,0170	**0,0184**	0,0057 0,0031 0,0037	**0,0042**	0,0056 0,0078 0,0055	**0,0063**	43	7,8	0,8
49	0,2564	0,0221 0,0140 0,0156	**0,0172**	0,0058 0,0056 0,0074	**0,0063**	0,0060 0,0059 0,0070	**0,0063**	15	8,5	0,9
50	0,7692	0,0237 0,0598 0,0169	**0,0335**	0,0046 0,0060 0,0066	**0,0057**	0,0064 0,0065 0,0058	**0,0062**	$17^{1}/_{2}$	8,2	0,8
51	1,2820	0,0358 0,0228 0,0380	**0,0322**	0,0015 0,0000 0,0050	**0,0022**	0,0150 0,0121 0,0136	**0,0136**	39,5	10,3	0,3
52	1,7948	0,0423 0,1651 0,0385	**0,0819**	0,0056 0,0035 0,0058	**0,0050**	0,0082 0,0127 0,0152	**0,0120**	32	8,4	0,8
53	2,3076	0,0630 0,1126 0,0716	**0,0824**	0,0065 0,0066 0,0069	**0,0067**	0,0063 0,0081 0,0081	**0,0075**	21	8,1	0,9
54	2,8204	0,0994 0,0437 0,1337	**0,0923**	0,0070 0,0076 0,0088	**0,0078**	0,0053 0,0072 0,0085	**0,0070**	21	9,2	0,9
55	3,3332	0,0771 0,0874 0,1720	**0,1122**	0,0045 0,0034 0,0065	**0,0048**	0,0083 0,0058 0,0076	**0,0072**	16	9,1	0,5
56	3,8460	0,0890 0,1244 0,1256	**0,1130**	0,0046 0,0056 0,0055	**0,0052**	0,0052 0,0064 0,0066	**0,0061**	$17^{1}/_{2}$	7,5	0,6
57	4,3588	0,0804 0,0977 0,0774	**0,0852**	0,0092 0,0078 0,0081	**0,0084**	0,0060 0,0048 0,0054	**0,0054**	$15^{1}/_{2}$	8,7	0,2
58	4,8716	0,1752 0,1072 0,0979	**0,1268**	0,0087 0,0044 0,0065	**0,0065**	0,0064 0,0010 0,0073	**0,0049**	15	7,2	0,9

m Dampfkessel (Siehe Tabelle 5 und Abb. 40.)

ersuchsdauer: 144 Stunden.

Kessel I (25 Liter destilliertes Wasser)

Ver-uchs-üssig-keit	Eisen Gewichtsabnahme		Messing Gewichtszunahme		Rotguß Gewichtsabnahme		Dest. Wasser nach-gespeist	Sauerstoffgehalt im Kessel		Nr. der Lösung
	Einzelwerte g	Gesamt-Mittel g	Einzelwerte g	Gesamt-Mittel g	Einzelwerte g	Gesamt-Mittel g	g	zu Beginn mg O_2/Liter	am Ende mg O_2/Liter	
Destilliertes Wasser	0,0018 0,0016 0,0017	0,0023	+ 0,0013 + 0,0010 + 0,0012	+ 0,0051	0,0037 0,0049 0,0056	0,0072	43	8,9	0,5	48
	0,0016 0,0017 0,0020		+ 0,0038 + 0,0034 + 0,0045		0,0044 0,0059 0,0064		15	8,5	0,3	49
	0,0024 0,0021 0,0018		+ 0,0068 + 0,0072 + 0,0064		0,0085 0,0050 0,0076		$17^1/_2$	9,2	0,9	50
	0,0018 0,0018 0,0018		+ 0,0036 + 0,0043 + 0,0062		0,0070 0,0083 0,0082		39,5	10,4	0,5	51
	0,0037 0,0038 0,0038		+ 0,0062 + 0,0056 + 0,0055		0,0070 0,0097 0,0086		32	9,7	0,5	52
	0,0022 0,0027 0,0026		+ 0,0066 + 0,0042 + 0,0054		0,0094 0,0091 0,0096		21	8,1	0,8	53
	0,0015 0,0014 0,0015		+ 0,0099 + 0,0090 + 0,0088		0,0052 0,0060 0,0059		21	10,1	0,8	54
	0,0041 0,0040 0,0044		+ 0,0064 + 0,0040 + 0,0053		0,0067 0,0083 0,0097		16	10,3	0,8	55
	0,0020 0,0018 0,0018		+ 0,0046 + 0,0026 + 0,0039		0,0069 0,0076 0,0081		$17^1/_2$	8,7	0,2	56
	0,0016 0,0016 0,0015		+ 0,0057 + 0,0057 + 0,0054		0,0066 0,0066 0,0074		$15^1/_2$	8,7	0,2	57
	0,0024 0,0020 0,0017		+ 0,0043 + 0,0022 + 0,0060		0,0072 0,0075 0,0079		15	7,9	0,8	58

Tabelle 32. Angriffsversuch mit Salzgemischen

Dampfdruck: 16 Atm.

Kessel II (25 Liter Salzlösung)

Nr. der Lösung	Salze im Liter g	Eisen Gewichtsabnahme Einzelwerte g	Eisen Mittel g	Messing Gewichtsabnahme Einzelwerte g	Messing Mittel g	Rotguß Gewichtsabnahme Einzelwerte g	Rotguß Mittel g	Dest. Wasser nachgespeist Liter	Sauerstoffgehalt im Kessel zu Beginn mg O_2/Liter	Sauerstoffgehalt im Kessel am Ende mg O_2/Liter
59	0,100 NaCl 0,1213 Na_2SO_4	0,0031 0,0030 0,0040	**0,0033**	+ 0,0028 + 0,0035 + 0,0030	+ **0,0031**	0,0014 0,0000 0,0012	**0,0008**	15	7,5	0,2
60	0,100 NaCl 1,8213 Na_2SO_4	0,0097 0,0085 0,0102	**0,0095**	0,0002 0,0004 0,0004	**0,0003**	0,0026 0,0018 0,0030	**0,0025**	15	6,9	—
61	1,500 NaCl 0,1213 Na_2SO_4	0,0102 0,0080 0,0182	**0,0121**	0,0011 0,0007 0,0008	**0,0009**	0,0060 0,0045 0,0037	**0,0047**	21	6,9	0,0
62	1,500 NaCl 1,8213 Na_2SO_4	0,0063 0,0028 0,0036	**0,0042**	0,0028 0,0011 0,0003	**0,0014**	0,0036 0,0046 0,0049	**0,0044**	15	6,2	0,1
63	0,100 NaCl 0,100 $MgCl_2$	0,0073 0,0120 0,0513	**0,0235**	0,0042 0,0048 0,0042	**0,0044**	0,0062 0,0055 0,0059	**0,0057**	15	6,4	0,0
64	0,100 NaCl 1,500 $MgCl_2$	0,0750 0,0582 0,0460	**0,0597**	0,0008 0,0009 0,0014	**0,0010**	— 0,0039 0,0032	**0,0034**	15	6,9	0,3
65	1,500 NaCl 0,100 $MgCl_2$	0,0135 0,0145 0,0176	**0,0152**	0,0058 0,0059 0,0065	**0,0060**	0,0046 0,0070 0,0057	**0,0058**	18	8,1	0,8
66	1,500 NaCl 1,500 $MgCl_2$	0,0623 0,0688 0,0666	**0,0659**	0,0043 0,0049 0,0054	**0,0049**	0,0060 0,0079 0,0039	**0,0059**	19	6,4	0,2
67	0,100 NaCl 0,1263 $MgSO_4$	0,0168 0,0112 0,0176	**0,0152**	0,0093 0,0097 0,0100	**0,0097**	0,0038 0,0037 0,0035	**0,0037**	15	8,2	0,6
68	0,100 NaCl 1,8957 $MgSO_4$	0,2264 0,1968 0,2240	**0,2157**	0,0133 0,0101 0,0108	**0,0114**	0,0030 0,0056 0,0002	**0,0029**	15	7,5	0,2
69	1,500 NaCl 0,1263 $MgSO_4$	0,0060 0,0097 0,0070	**0,0076**	0,0073 0,0054 0,0061	**0,0063**	0,0089 0,0090 0,0091	**0,0090**	15	8,9	1,0
70	1,500 NaCl 1,8957 $MgSO_4$	0,2880 0,3200 0,2704	**0,2928**	0,0130 0,0112 0,0112	**0,0118**	0,0018 0,0049 0,0012	**0,0026**	18,5	7,6	0,3

Dampfkessel (Siehe Tabelle 6 und Abb. 41—46.)

uchsdauer: 144 Stunden.

Kessel I (25 Liter destilliertes Wasser)

Eisen Gewichtsabnahme		Messing Gewichtszunahme		Rotguß Gewichtsabnahme		Dest. Wasser nachgespeist	Sauerstoffgehalt im Kessel		Nr. der Lösung
Einzelwerte g	Gesamt-Mittel g	Einzelwerte g	Gesamt-Mittel g	Einzelwerte g	Gesamt-Mittel g	g	zu Beginn mg O_2/Liter	am Ende mg O_2/Liter	
0,0020 0,0016 0,0022		+ 0,0036 + 0,0050 + 0,0032		0,0042 0,0058 0,0062		15	8,1	0,5	59
0,0024 0,0024 0,0018		+ 0,0025 + 0,0024 + 0,0030		0,0054 0,0066 0,0050		15	7,2	—	60
0,0014 0,0012 0,0016		+ 0,0038 + 0,0025 + 0,0030		0,0050 0,0050 0,0073		21	7,2	0,5	61
0,0016 0,0019 0,0016		+ 0,0036 + 0,0040 + 0,0037		0,0046 0,0064 0,0068		15	7,2	0,2	62
0,0014 0,0015 0,0014		+ 0,0042 + 0,0067 + 0,0051		0,0046 0,0058 0,0053		15	8,1	0,2	63
0,0014 0,0013 0,0013	**0,0013**	+ 0,0019 + 0,0019 + 0,0021	**+ 0,0044**	0,0032 0,0014 0,0029	**0,0060**	15	7,6	—	64
0,0024 0,0028 0,0026		+ 0,0025 + 0,0018 + 0,0024		0,0061 0,0048 0,0062		18	9,9	1,0	65
0,0018 0,0014 0,0017		+ 0,0038 + 0,0029 + 0,0038		0,0085 0,0076 0,0076		19	7,5	—	66
0,0012 0,0012 0,0013		+ 0,0036 + 0,0026 + 0,0014		0,0037 0,0022 0,0022		15	8,6	0,5	67
0,0012 0,0013 0,0013		+ 0,0011 + 0,0012 + 0,0015		0,0041 0,0050 0,0055		15	7,7	0,3	68
0,0011 0,0010 0,0011		+ 0,0050 + 0,0042 + 0,0047		0,0071 0,0069 0,0064		15	10,1	1,0	69
0,0010 0,0010 0,0011		+ 0,0067 + 0,0085 + 0,0084		0,0066 0,0066 0,0064		18,5	8,5	0,4	70

Tabelle 32 (Fortsetzung). Angriffsversuche m[illegible]

Kessel II (25 Liter Salzlösung)

Nr. der Lösung	Salze im Liter g	Eisen Gewichtsabnahme Einzelwerte g	Eisen Gewichtsabnahme Mittel g	Messing Gewichtsabnahme Einzelwerte g	Messing Gewichtsabnahme Mittel g	Rotguß Gewichtsabnahme Einzelwerte g	Rotguß Gewichtsabnahme Mittel g	Dest. Wasser nachgespeist g	Sauerstoffgehalt im Kessel zu Beginn mg O_2/Liter	Sauerstoffgehalt im Kessel am En[illegible] mg O_2/L[illegible]
71	0,1213 Na_2SO_4 0,100 $MgCl_2$	0,0114 0,0080 0,0106	**0,0100**	0,0099 0,0096 0,0089	**0,0095**	— 0,0035 0,0031	**0,0033**	15	7,3	0,4
72	0,1213 Na_2SO_4 1,500 $MgCl_2$	0,0519 0,0654 0,0909	**0,0694**	0,0090 0,0077 0,0080	**0,0082**	0,0145 0,0107 0,0115	**0,0122**	15	8,8	0,2
73	1,8213 Na_2SO_4 0,100 $MgCl_2$	0,0099 0,0012 0,0012	**0,0041**	0,0062 0,0050 0,0051	**0,0054**	0,0030 0,0041 0,0046	**0,0039**	$16^1/_2$	7,8	0,5
74	1,8213 Na_2SO_4 1,500 $MgCl_2$	0,3333 0,2500 0,1901	**0,2578**	0,0052 0,0061 0,0064	**0,0059**	0,0080 0,0048 0,0036	**0,0055**	15	7,1	0,3
75	0,1213 Na_2SO_4 0,1263 $MgSO_4$	0,0050 0,0030 0,0035	**0,0038**	0,0067 0,0076 0,0062	**0,0068**	0,0097 0,0071 0,0076	**0,0081**	$28^1/_2$	8,7	0,[illegible]
76	0,1213 Na_2SO_4 1,8957 $MgSO_4$	0,1853 0,2068 0,3588	**0,2503**	0,0128 0,0140 0,0122	**0,0130**	+0,0040 +0,0035 +0,0006	**+0,0027**	$24^1/_2$	8,0	0,[illegible]
77	1,8213 Na_2SO_4 0,1263 $MgSO_4$	0,0070 0,0093 0,0180	**0,0114**	0,0051 0,0065 0,0052	**0,0056**	0,0052 0,0052 0,0051	**0,0052**	15	7,5	0,[illegible]
78	1,8213 Na_2SO_4 1,8957 $MgSO_4$	0,2722 0,2549 0,4234	**0,3168**	0,0114 0,0140 0,0137	**0,0130**	0,0029 0,0078 0,0036	**0,0048**	34,5	7,5	0,[illegible]
79	0,100 $MgCl_2$ 0,1263 $MgSO_4$	0,0350 0,0356 0,0232	**0,0313**	0,0086 0,0104 0,0102	**0,0097**	0,0054 0,0077 0,0072	**0,0068**	15	7,8	0,[illegible]
80	0,100 $MgCl_2$ 1,8957 $MgSO_4$	0,1871 0,2908 0,1713	**0,2164**	0,0089 0,0074 0,0076	**0,0080**	0,0020 0,0042 0,0033	**0,0032**	10	6,7	0,[illegible]
81	1,500 $MgCl_2$ 0,1263 $MgSO_4$	0,1642 0,0513 0,0591	**0,0915**	0,0060 0,0050 0,0059	**0,0056**	0,0089 0,0031 0,0051	**0,0057**	11	8,7	0,[illegible]
82	1,500 $MgCl_2$ 1,8957 $MgSO_4$	0,2911 0,2669 0,2226	**0,2602**	0,0055 0,0046 0,0054	**0,0052**	0,0044 0,0023 0,0018	**0,0038**	$12^1/_2$	8,2	0,[illegible]

alzgemischen im Dampfkessel.

Kessel I (25 Liter destilliertes Wasser)

Ver-uchs-üssig-keit	Eisen Gewichtsabnahme Einzelwerte g	Eisen Gesamt-Mittel g	Messing Gewichtszunahme Einzelwerte g	Messing Gesamt-Mittel g	Rotguß Gewichtsabnahme Einzelwerte g	Rotguß Gesamt-Mittel g	Dest. Wasser nach-gespeist Liter	Sauerstoffgehalt im Kessel zu Beginn mg O_2/Liter	Sauerstoffgehalt im Kessel am Ende mg O_2/Liter	Nr. der Lösung
Destilliertes Wasser	0,0010 0,0009 0,0010	0,0013	+ 0,0060 + 0,0070 + 0,0074	+ 0,0044	0,0040 0,0062 0,0064	0,0060	15	8,6	0,2	71
	0,0009 0,0010 0,0009		+ 0,0080 + 0,0078 + 0,0070		0,0057 0,0070 0,0056		15	8,6	—	72
	0,0009 0,0008 0,0010		+ 0,0026 + 0,0022 + 0,0022		0,0056 0,0053 0,0048		16½	8,7	1,0	73
	0,0009 0,0010 0,0009		+ 0,0041 + 0,0045 + 0,0041		0,0075 0,0088 0,0077		15	9,2	0,5	74
	0,0022 0,0018 0,0020		+ 0,0009 + 0,0003 + 0,0003		0,0071 0,0071 0,0093		28½	8,4	0,8	75
	0,0008 0,0008 0,0010		+ 0,0030 + 0,0035 + 0,0044		0,0039 0,0058 0,0042		24½	8,6	0,3	76
	0,0007 0,0008 0,0007		+ 0,0096 + 0,0052 + 0,0091		0,0066 0,0077 0,0080		15	8,3	0,2	77
	0,0009 0,0008 0,0008		+ 0,0013 + 0,0020 + 0,0016		0,0103 0,0122 0,0109		34,5	8,1	0,2	78
	0,0018 0,0017 0,0013		+ 0,0115 + 0,0100 + 0,0109		0,0066 0,0065 0,0070		15	8,0	0,1	79
	0,0007 0,0008 0,0008		+ 0,0071 + 0,0071 + 0,0066		0,0036 0,0043 0,0035		10	8,1	0,6	80
	0,0010 0,0009 0,0013		+ 0,0039 + 0,0042 + 0,0050		0,0068 0,0075 0,0070		11	9,1	0,8	81
	0,0010 0,0007 0,0007		+ 0,0060 + 0,0054 + 0,0049		0,0047 0,0048 0,0056		12½	8,8	0,5	82

Tabelle 33. Angriffsversuche mit verschiedenen Wässern

Dampfdruck: 16 Atm. Erste Ver-

Kessel II (25 l Wasser)

Nr. der Lösung	Art des Wassers	Eisen Gewichtsabnahme Einzelwerte g	Eisen Mittel g	Messing Gewichtsabnahme Einzelwerte g	Messing Mittel g	Rotguß Gewichtsabnahme Einzelwerte g	Rotguß Mittel g	Dest. Wasser nachgespeist	Sauerstoffgehalt im Kessel zu Beginn mg O_2/Liter	Sauerstoffgehalt im Kessel am Ende mg O_2/Liter
		0,0007		0,0035		0,0031				
		0,0010		0,0038		0,0024		15	9,1	0,5
83	Saalewasser (ungereinigt)	0,0010	**0,0010**	0,0038	**0,0035**	0,0028	**0,0027**			
		0,0013		0,0021		0,0046				
		0,0012		0,0042		0,0025		15	9,0	0,6
		0,0008		0,0035		0,0007				
		0,0018		0,0019		0,0021				
		0,0018		0,0022		0,0024		15	7,1	0,5
84	Saalewasser mit Kalk-Soda gereinigt	0,0016	**0,0034**	0,0030	**0,0020**	0,0038	**0,0031**			
		0,0044		0,0021		0,0022				
		0,0058		0,0009		0,0048		15	7,4	0,9
		0,0050		0,0016		0,0031				
		0,0025		0,0014		0,0036				
		0,0032		0,0010		0,0056		15	9,3	0,6
85	Saalewasser mit Natronlauge-Soda gereinigt	0,0035	**0,0031**	0,0010	**0,0007**	0,0048	**0,0040**			
		0,0030		0,0000		0,0002				
		0,0030		0,0002		0,0046		15	9,3	1,1
		0,0034		0,0004		0,0050				
		0,0006		+ 0,0010		0,0026				
		0,0008		+ 0,0016		0,0065		15	9,1	0,3
86	Luppewasser (ungereinigt)	0,0015	**0,0011**	+ 0,0014	+ **0,0015**	0,0022	**0,0031**			
		0,0010		+ 0,0012		0,0017				
		0,0014		+ 0,0020		0,0036		15	8,0	0,4
		0,0015		+ 0,0019		0,0023				
		0,0015		+ 0,0019		0,0020				
		0,0016		+ 0,0032		0,0015		15	9,2	0,4
87	Luppewasser mit Kalk-Soda gereinigt	0,0016	**0,0015**	+ 0,0006	+ **0,0011**	0,0007	**0,0017**			
		0,0014		0,0000		0,0032				
		0,0020		+ 0,0006		0,0020		15½	8,0	0,2
		0,0010		+ 0,0004		0,0007				
		0,0022		+ 0,0014		0,0024				
		0,0022		— 0,0026		0,0038		15	9,5	0,2
88	Luppewasser mit Natronlauge-Soda gereinigt	0,0023	**0,0027**	+ 0,0012	Mittel nicht gebildet	0,0034	**0,0045**			
		0,0027		0,0041		0,0049				
		0,0033		0,0028		0,0063		15	8,7	0,5
		0,0032		0,0017		0,0060				

Dampfkessel. (Siehe Tabelle 7 und 8 und Abb. 47.)

hsreihe. Versuchsdauer: 144 Stunden.

Kessel I (25 l destilliertes Wasser)

Eisen Gewichtsabnahme		Messing Gewichtszunahme		Rotguß Gewichtsabnahme		Dest. Wasser nachgespeist	Sauerstoffgehalt im Kessel		Nr. der Lösung
Einzelwerte g	Mittel g	Einzelwerte g	Mittel g	Einzelwerte g	Mittel g		zu Beginn mgO_2/Liter	am Ende mgO_2/Liter	
0,0016		+ 0,0054		0,0075					
0,0014		+ 0,0062		0,0076		15	9,1	0,2	
0,0015		+ 0,0055		0,0078					
									83
0,0014		+ 0,0034		0,0048					
0,0013		+ 0,0052		0,0067		15	9,0	0,7	
0,0014		+ 0,0062		0,0044					
0,0023		—		0,0038					
0,0022		—		0,0031		15	9,0	0,2	
0,0023		—		0,0051					
									84
0,0019		+ 0,0034		0,0035					
0,0016		+ 0,0040		0,0025		15	9,1	1,0	
0,0016		+ 0,0040		0,0039					
0,0044		+ 0,0045		0,0028					
0,0042		+ 0,0040		0,0048		15	10,3	0,5	
0,0042		+ 0,0020		0,0039					
									85
0,0016		+ 0,0027		0,0052					
0,0016		+ 0,0085		0,0062		15	8,3	1,0	
0,0016	0,0020	+ 0,0060	+ 0,0051	0,0064	0,0056				
0,0014		+ 0,0066		0,0019					
0,0014		+ 0,0072		0,0031		15	7,4	0,4	
0,0016		+ 0,0065		0,0031					
									86
0,0020		+ 0,0050		0,0076					
0,0021		+ 0,0053		0,0056		15	8,5	0,1	
0,0018		+ 0,0059		0,0058					
0,0014		+ 0,0071		0,0043					
0,0013		+ 0,0054		0,0072		15	9,3	0,8	
0,0012		+ 0,0054		0,0050					
									87
0,0025		+ 0,0064		0,0052					
0,0026		+ 0,0044		0,0078		$15^1/_2$	8,4	0,2	
0,0029		+ 0,0058		0,0076					
0,0021		+ 0,0059		0,0062					
0,0018		+ 0,0054		0,0067		15	8,7	0,0	
0,0019		+ 0,0047		0,0068					
									88
0,0028		+ 0,0037		0,0098					
0,0023		+ 0,0027		0,0089		15	8,1	0,8	
0,0028		+ 0,0021		0,0100					

Tabelle 33 (Fortsetzung). Angriffsversuc

Dampfdruck: 16 Atm. Zweite V

Kessel II (25 l Wasser)

Nr. der Lösung	Art des Wassers	Eisen Gewichtsabnahme		Messing Gewichtsabnahme		Rotguß Gewichtsabnahme		Wasser nachgespeist
		Einzelwerte g	Mittel g	Einzelwerte g	Mittel g	Einzelwerte g	Mittel g	
83a	Saalewasser (ungereinigt)	0,0184 0,0411 [0,0077[1]]	**0,0293**	0,0018 + 0,0003 + 0,0003	Mittel nicht gebildet	0,0220 0,0241 0,0268	**0,0243**	600 Liter Saalewasser (ungereini nachgespeist
84a	Saalewasser mit Kalk-Soda gereinigt	0,0029 0,0022 0,0012	**0,0021**	0,0069 — 0,0048	0,0059	0,0270 0,0248 0,0272	**0,0263**	614 Liter mit Kalk-Soda gereini Saalewasser nachgespe
85a	Saalewasser mit Natronlauge-Soda gereinigt	0,0016 0,0023 0,0016	**0,0018**	+ 0,0010 — 0,0034 + 0,0016	Mittel nicht gebildet	0,0158 0,0138 0,0178	**0,0158**	728 Liter mit Natronla Soda gereinigtes Saal wasser nachgespeist

[1]) Mit starker Schlammschicht überzogen, von der Mittelbildung ausgeschlossen.

it verschiedenen Wässern.

chsreihe. Versuchsdauer: 480 Stunden.

Kessel I (25 l destilliertes Wasser)

Ver-uchs-issig-keit	Eisen Gewichtsabnahme		Messing Gewichtsabnahme		Rotguß Gewichtsabnahme		Dest. Wasser nachgespeist	Sauerstoffgehalt im Kessel		Nr. der Lösung
	Einzelwerte g	Mittel g	Einzelwerte g	Mittel g	Einzelwerte g	Mittel g		zu Beginn mgO_2/Liter	am Ende mgO_2/Liter	
Destilliertes Wasser	0,0064		0,0100		0,0713					
	0,0097		0,0154		0,0622		600	8,3	0,0	83a
	0,0103		0,0068		0,0690					
	0,0165		0,0279		0,1014					
	0,0195	**0,0118**	0,0380	**0,0208**	0,0942	**0,0920**	614	9,6	0,0	84a
	0,0165		0,0271		0,0982					
	0,0087		0,0189		0,1035					
	0,0101		0,0211		0,1091		728	7,8	0,2	85a
	0,0090		0,0217		0,1195					

Tabelle 26. Angriffsversuche mit Magnesiumchloridlösungen im Dampfkessel. (Abb. 35.)

(Kontrollversuche: Nur Eisenplättchen in den Kesseln.)

Dampfdruck: 16 Atm. Versuchsdauer: 144 Stunden.

Kessel II (25 l Salzlösung)							Kessel I (25 l destilliertes Wasser)					
Nr. der Lösung	$MgCl_2$ im Liter g	Eisen Gewichtsabnahme Einzelwerte g	Eisen Gewichtsabnahme Mittel g	Destilliertes Wasser nachgespeist Liter	Sauerstoffgehalt im Kessel zu Beginn mgO_2/Liter	Sauerstoffgehalt im Kessel am Ende mgO_2/Liter	Versuchsflüssigkeit	Eisen Gewichtsabnahme Einzelwerte g	Eisen Gewichtsabnahme Mittel g	Destilliertes Wasser nachgespeist Liter	Sauerstoffgehalt im Kessel zu Beginn mgO_2/Liter	Sauerstoffgehalt im Kessel am Ende mgO_2/Liter
3	0,300	0,0304 0,0713 0,0238	0,0426	53	8,6	0,8	Destilliertes Wasser	0,0056 0,0052 0,0062	0,0040	53	8,9	0,4
		0,0430 0,0448 0,0411		32,5	8,9	0,4		0,0030 0,0038 0,0034		32,5	9,3	0,1
4	0,500	0,0415 0,1042 0,1017	0,0825	26	8,2	0,8		0,0049 0,0056 0,0052		26	8,3	1,5
5	0,700	0,1182 0,1071 0,0974	0,1076	22	8,2	1,0		0,0025 0,0043 0,0042		22	8,7	0,3
6	0,900	0,0633 0,0544 0,0719	0,1442	17,5	8,1	0,8		0,0037 0,0038 0,0037		17,5	8,8	1,0
		0,2642 0,1624 0,2515		32,5	8,9	0,5		0,0059 0,0057 0,0062		32,5	9,0	0,2
		0,1307 0,1726 0,2268		17,5	8,2	0,5		0,0025 0,0026 0,0029		17,5	9,3	0,1
9	1,500	0,1755 0,2230 0,1690	0,1684	22	8,9	0,7		0,0017 0,0011 0,0014		22	9,5	1,1
		0,1392 0,1358 —		23	8,1	0,1		0,0056 0,0047 0,0052		23	8,2	0,2

Für die Redaktion verantwortlich: W. von Moellendorff, Berlin-Schlachtensee. — Verlag von Julius Springer in Berlin W.
Druck der Spamerschen Buchdruckerei in Leipzig.